kosmos
bibliothek

Band 306

Joachim Herrmann

Das Weltall in Farbe

Astronomische Objekte – farbig fotografiert

Kosmos
Gesellschaft der Naturfreunde
Franckh'sche Verlagshandlung
Stuttgart

Mit 50 Farbfotos, zwei Schwarzweißaufnahmen und drei Zeichnungen nach Vorlagen des Autors von Klaus Meier

Umschlag von Edgar Dambacher unter Verwendung einer Aufnahme des Flagstaff-Observatoriums. Das Bild zeigt den Orion-Nebel. Süden liegt bei dieser Aufnahme oben

CIP-Kurztitelaufnahme der Deutschen Bibliothek
Herrmann, Joachim:
Das Weltall in Farbe : astronom. Objekte, farb.
fotogr. / Joachim Herrmann. [Mit 50 Farbfotos,
2 Schwarzweissaufnahmen u. 3 Zeichn. nach Vorlagen
d. Autors von Klaus Meier]. – Stuttgart : Franckh,
1980.
(Kosmos-Bibliothek ; Bd. 306)
ISBN 3-440-00306-X

Die Bände der Kosmos-Bibliothek erscheinen als Vierteljahres-Buchbeigaben der Monatshefte Kosmos – Bild unserer Welt

Für die Bezieher (Mitglieder) des Kosmos
bilden sie einen Bestandteil der Abonnementsleistung

Kosmos-Bibliothek 1980:
Band 305: Jantzen, Island in Farbe
Band 306: Herrmann, Das Weltall in Farbe
Band 307: Sauer, Mikroskopie
Band 308: Michel, Allergien

Änderungen vorbehalten

Über Veröffentlichungen, Bedingungen und Leistungen des Kosmos
unterrichtet Sie jede Buchhandlung
oder die Hauptgeschäftsstelle des „Kosmos": Postfach 640, 7000 Stuttgart 1

Bild 1 (Seite 2). Am 11. Dezember 1972 landeten mit Apollo 17 die beiden Astronauten Eugene A. Cernan und Dr. Harrison H. Schmitt im Gebiet von Taurus-Littrow als letzte Astronauten des Apollo-Programms auf der Mondoberfläche. Aufnahme USIS

Franckh'sche Verlagshandlung, W. Keller & Co., Stuttgart/1980

L 14 H hö/ISBN 3-440-00306-X/Printed in Germany/Imprimé en Allemagne
Gesamtherstellung: Konrad Triltsch, Graphischer Betrieb, Würzburg

Das Weltall in Farbe

„In der Nacht sind alle Katzen grau“

„Dans la nuit tous les chats sont gris.“ Dieses französische Sprichwort, das in der deutschen Übersetzung „In der Nacht sind alle Katzen grau“ heißt, birgt in sich eine wichtige Erfahrung, die wir mit unserem Auge machen können. Beobachten wir nämlich bei geringer Beleuchtungsstärke, also schon in der fortgeschrittenen Dämmerung, unsere Umgebung, so werden wir zwar noch sehr wohl die meisten Gegenstände ihrer Form nach voneinander unterscheiden können. Es fällt uns aber schwer, die Farben der Gegenstände klar zu erkennen. Betrachten wir beispielsweise in einer solchen Situation zwei Personen, von denen eine einen blauen und die andere einen roten Pullover trägt, so wird uns eine Farbenunterscheidung kaum möglich sein.

Tatsächlich ist für das Farbensehen in der Netzhaut unseres Auges ein anderer Apparat zuständig als für das reine Helligkeitsempfinden. Der „Lichtsinn“ liegt in den Stäbchen der Netzhaut, der „Farbsinn“ in den Netzhautzapfen. Elektronenmikroskopische Untersuchungen haben gezeigt, daß die Zapfen gegenüber den Stäbchen eine faserige und körnige Struktur aufweisen. Dadurch scheinen sie geeignet für eine Aussonderung der verschiedenen Wellenlängen des auftreffenden Lichtes und damit auch für das Farbensehen. Doch sind die Zapfen keineswegs so empfindlich wie die Stäbchen. Es muß also eine bestimmte Mindeststärke des Reizes vorhanden sein, um eine Farbempfindung wirklich auszulösen. Wird diese Mindeststärke nicht erreicht, so haben wir eine farblose Helligkeitsempfindung oder mit anderen Worten: Die betrachteten Gegenstände erscheinen uns einfach grau.

Diese physiologischen Eigenschaften des menschlichen Auges führen nun auch dazu, daß uns viele astronomische Objekte zumindest bei flüchtiger Betrachtung mit dem Auge, oft sogar aber auch bei intensiver Beobachtung mit dem Fernrohr, einfach farblos erscheinen. Astronomie scheint eine „Schwarzweiß-Wissenschaft“ zu sein. Dabei weiß die Forschung seit langem, daß die Himmelskörper Strahlungen der verschiedensten Wellenlängen und – sofern diese in den Bereich des sichtbaren Lichtes fallen – damit auch der verschiedensten Farben aussenden. Die Objekte des Weltalls sind also keineswegs schwarzweiß, sondern durchaus farbig. Nur unser Auge macht hier in der Regel nicht mit – es sei denn, es handele sich um verhältnismäßig helle Gestirne. So erscheint uns die Sonne gelblich, am Horizont rötlich. Auch auf der Mondscheibe können wir gewisse Färbungen voneinander unterscheiden: Die Maria sind grau bis braun, die „Terrae-Gebiete“ mehr gelblich. Auch die helleren Fixsterne und Planeten zeigen Farben. Mars erscheint uns tiefgelb bis rötlich, Venus strahlend weiß, Saturn gelblich, der Stern Antares im Skorpion nahezu tiefrot, Kapella im Fuhrmann gelb, Wega in der Leier weiß. Mit dem Fernrohr können wir auf den Planeten zusätzliche Farbdetails unterscheiden. Damit hat es aber meist sein Bewenden. Schauen wir uns so bemerkenswerte Objekte wie den Orion-Nebel oder den Spiralnebel in der Andromeda an, so kann das Fernrohr noch so lichtstark sein und unser Bemühen noch so intensiv, wir vermögen nichts anderes als eine graue Nebelmasse zu erkennen.

Moderne astronomische Farbfotografie

Die moderne Fotografie war nun aber in den letzten zehn bis zwanzig Jahren, teilweise auch in Verbindung mit Raumsonden, in der Lage, uns auch den Kosmos in Farbe zu enthüllen. Schon im 19. Jahrhundert leistete die Fotografie in der Astronomie große Pionierdienste. Durch langbelichtete Aufnahmen war es möglich, wesentlich schwächere Sterne wiederzugeben, als unser Auge wahrnehmen konnte. Bei langen Belichtungszeiten fiel ja das Sternenlicht auf immer wieder dieselbe Stelle der fotografischen Platte und konnte verstärkt auf sie einwirken. Fortan war die Fotografie aus der wissenschaftlichen Erforschung des Weltalls nicht mehr wegzudenken.

Von Farbfotografien waren die Astronomen zunächst – teilweise sind sie es auch heute noch – nicht so sehr begeistert. Erlaubten sie doch zumindest anfangs keine farbgerechte Wiedergabe. Da war für den Wissenschaftler eine Schwarzweißaufnahme, die beispielsweise durch Vorsatz eines bestimmten Farbfilters oder durch Sensibilisierung der lichtempfindlichen Schicht auf verschiedene Wellenlängenbereiche erhalten wurde, wesentlich exakter auswertbar. Dies ist zweifelsohne auch heute noch der Fall. Trotzdem haben Farbaufnahmen aus dem Weltall zumindest für den Amateur und Liebhaber der Sternkunde einen mehr als ästhetischen Reiz.

Die ersten Farbaufnahmen machte man natürlich von unserem Mond. Stellt er doch neben der Sonne, die sich im allgemeinen Licht weniger für Farbaufnahmen eignet, das hellste Gestirn dar. Solche Mondaufnahmen wurden schon bald nach der Einführung der Farbfotografie in den dreißiger und vierziger Jahren erhalten. In den fünfziger Jahren folgten dann die Planeten und schließlich auch entfernter gelegene Objekte des Milchstraßensystems.

Im Winter werden schwächere Sterne fotografiert

Die ersten Farbaufnahmen, die vor allem von lichtschwächeren Objekten erhalten wurden, hatten aber entscheidende Nachteile. Jedem Fotoamateur ist bekannt, daß die Farbfilme auf Über- oder Unterbelichtungen wesentlich schroffer reagieren als Schwarzweißfilme. Fehlbelichtungen führen nämlich nicht nur zu einer allgemeinen

Verdüsterung oder Aufhellung des Bildes, sondern auch zu teilweise recht drastischen Farbverfälschungen und Farbveränderungen. Haben wir es nun mit Objekten zu tun, in denen eine außerordentlich unterschiedliche Helligkeitsverteilung vorliegt, wie es gerade bei kosmischen Nebeln eigentlich fast immer der Fall ist, so ist das Ergebnis meist nicht allzu befriedigend. Die helleren Teile des Nebels sind total überbelichtet und erscheinen nur noch als eine weißliche Masse, während die schwächeren Teile wieder andere Verfälschungen aufweisen. Hinzu kommt, daß die meisten Farbfilme weniger helligkeitsempfindlich waren als die Schwarzweißfilme. Erst in den letzten Jahren hat sich auch hier ein Wandel vollzogen.
Vor allem ist in diesem Zusammenhang die Entwicklung der „Tiefkühlfotografie" zu erwähnen. Bereits zum Beginn des zwanzigsten Jahrhunderts stellte E. S. King am Harvard-Observatorium fest, daß die Empfindlichkeit der damaligen Schwarzweiß-Platten bei tieferen Temperaturen zunimmt. King fand damals heraus, daß er in Winternächten mit denselben fotografischen Platten im Vergleich zu Aufnahmen in wärmeren Sommernächten Sterne fotografieren konnte, deren Helligkeit noch um eine halbe Größenklasse tiefer lag. Mit anderen Worten: King konnte im Winter noch Sterne fotografieren, deren Intensität nur 0,6mal so stark war wie die der Sterne, die er im Sommer gerade noch auf der fotografischen Platte festhalten konnte. Daß dies nicht auf atmosphärische Bedingungen usw. zurückzuführen war, zeigten ihm einige Laboratoriumsexperimente, bei denen er auch im Winter angewärmte Platten zum Vergleich heranzog. Er stellte dann darüber hinaus sogar Experimente mit durch Schnee gekühlten Platten an. Allerdings mußte er die unangenehme Tatsache bemerken, daß sich dann auf der Emulsionsschicht der Platten ein Feuchtigkeitsfilm niederschlug, der die Versuche wieder zunichte machte. Und so schrieb damals E. S. King: „Derartige Experimente sollten wiederholt werden, und zwar mit einem Film, der vor der Feuchtigkeitsbildung geschützt wird."

Tiefkühl-Fotografie

Nachdem Ende der fünfziger Jahre vor allem William C. Miller an den Mt. Wilson- und Mt. Palomar-Observatorien Farbaufnahmen bei normalen Temperaturen erhielt, deren Farben später meist noch durch Filter korrigiert wurden, nahm im Jahre 1960 der amerikanische Astronom Arthur A. Hoag am Flagstaff-Observatorium des US Naval Observatory Versuche mit „Tiefkühlkameras" auf. Der Mechaniker und Instrumentenbauer des Instituts, Joseph Egan, entwickelte eine Kamera, die so gebaut war, daß die Filmemulsion von hinten her durch einen Behälter, der mit Trockeneis gefüllt war, auf – 78 °C unterkühlt wurde. Die Feuchtigkeitsbildung auf der Filmschicht wurde dadurch verhindert, daß der Film in einem Vakuumge-

Bild 2. Die Empfindlichkeit von Filmemulsionen kann bei tieferen Temperaturen wesentlich verbessert werden. Unser Diagramm zeigt, bis zu welchen Sterngrößen man bei bestimmten Temperaturen, jedoch gleichartigen übrigen Bedingungen, vorstoßen kann.

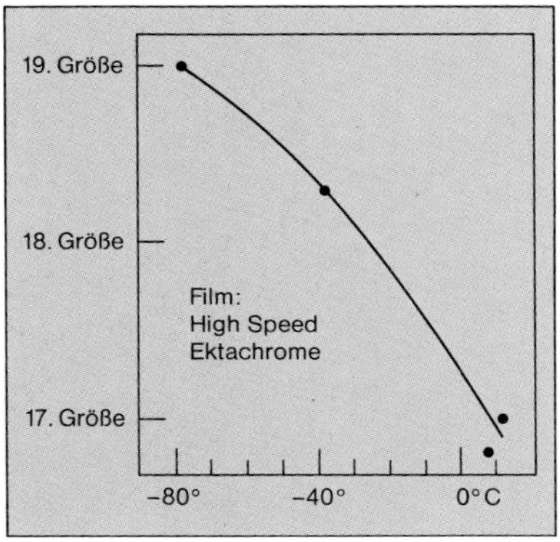

fäß untergebracht war, das zum Fernrohr hin durch eine Glasscheibe lichtdurchlässig war. Bei den allerersten Versuchen hielt man eine Feuchtigkeitsbildung auf der Filmschicht durch einen Strom trokkenen Gases fern.

Die Versuche wurden damals mit einem Film vom Typ „High Speed Ektachrome“ ausgeführt. Als Instrument diente das 1 m-Ritchey-Chrétien-Teleskop des Flagstaff-Observatoriums in Arizona. Sein Öffnungsverhältnis beträgt 1 : 6,8. Belichtete man diesen Film bei den üblichen Nachttemperaturen von etwa + 10 °C 20 Minuten lang, so wurden gerade noch Sterne abgebildet, die knapp an die 17. Sterngröße heranreichten. Bei einer Unterkühlung des Films auf – 78 °C gelang es aber, noch Sterne wiederzugeben, die der 19. Größenklasse angehörten! Das bedeutete also, daß man in diesem Falle noch Sterne fotografieren konnte, deren Intensität nur 0,16mal so groß war wie bei Normaltemperatur!

Schon dies war ein gewaltiger Fortschritt. Aber es kam noch etwas anderes hinzu. Es stellte sich heraus, daß auch die Farbwiedergabe bei der Tiefkühlfotografie erheblich besser wurde. Farbabweichungen durch Über- oder Unterbelichtungen wurden stark gemildert. So konnten auch die helleren Teile eines kosmischen Nebels noch gut mit feineren Strukturen wiedergegeben werden, ohne die äußeren, schwächeren Teile desselben Objekts durch Unterbelichtung zu verlieren.

Die „Tiefkühl-Versuche“ wurden nicht nur am Flagstaff-Observatorium fortgesetzt.

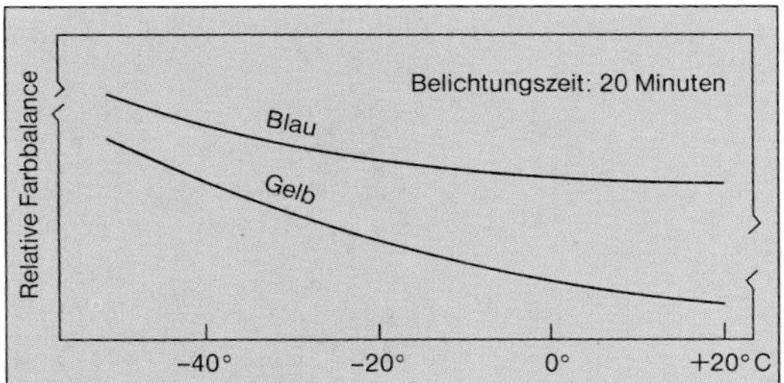

Bild 3. Mit Hilfe der Tiefkühltechnik während der fotografischen Aufnahme ist auch eine Verbesserung der Farbbalance möglich.

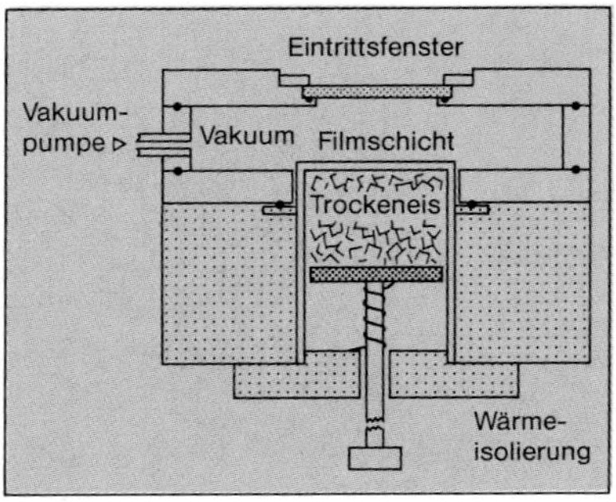

Bild 4. Schematische Darstellung einer Tiefkühlkamera, die mit einer Vakuum-Anlage arbeitet.

Dort baute man später auch Kameras, die auf thermoelektrische Weise unterkühlt wurden. Selbst Amateure hatten sich allmählich des „Tiefkühlverfahrens" bemächtigt, auch in Europa und in Deutschland. Heute gibt es bereits eine ganze Anzahl von Amateurastronomen, die mit derartigen Verfahren geradezu atemberaubende kosmische Farbaufnahmen erhalten. Die Empfindlichkeitssteigerung von Tiefkühl-Aufnahmen konnte auch auf experimentellem Wege vorgeführt werden. So nahm beispielsweise der amerikanische Amateurastronom EVERED KREIMER in Prescott, Arizona, unter verschiedenen Bedingungen eine Neonlampe auf. Das Licht dieser Lampe durchlief einen einfachen Prismenspektrographen. Nun wurden die aufgenommenen Spektren nach der Zahl der registrierten hellen Emissionslinien und deren Intensität verglichen. Dabei zeigte sich unter Verwendung eines Tri-X-Films, daß man auf der „gekühlten Aufnahme", die mit einer Belichtungszeit von 3 Minuten erhalten wurde, praktisch dasselbe erkennen konnte wie bei einer 30minütigen Belichtung im ungekühlten Zustand. Unter Verwendung eines High Speed Ektachrome-Films wurden bei einer Unterkühlung auf – 78 °C und einer Belichtungszeit von 10 Minuten dasselbe Ergebnis erzielt wie im ungekühlten Zustand bei 30 Minuten Belichtungszeit. Dabei trat keinerlei Verschleierung der Filmemulsion auf, wie es gelegentlich beim Trocknen der Platten zu beobachten war. Auch die Korngröße der Filmemulsion veränderte sich nicht als Ergebnis der Kühlversuche.

Schwierigkeiten bereitete in den ersten Jahren der Tiefkühltechnik vor allem die Bildung von Feuchtigkeit auf den Filmen, bedingt durch die tiefe Temperatur des benutzten Trockeneises von – 78 °C. Wie bereits geschildert, konnte man diese Schwierigkeiten meist nur durch eine komplizierte Vakuum-Anlage verhindern. Inzwischen haben viele Sternfreunde und Astronomen technische Tricks ersonnen, um die Sache zu vereinfachen. So schlug zum Beispiel bereits J. D. WISEMAN im Jahre 1969 vor, die Luft rund um den Film auszutrocknen. EDWARD L. JONES beschrieb im Jahre 1975 eine Kamera, deren Innenraum vor der Belichtung in einer Trocknungsanlage ausgetrocknet wird.

Komposition von Farbaufnahmen

Daß man auch auf ganz anderem Wege Farbaufnahmen erhalten kann, zeigten die Liebhaberastronomen ECKHARD ALT, ERNST BRODKORB, KURT RIHM und JÜRGEN RUSCHE, die sich in einer „Arbeitsgemeinschaft Astrofotografie" mit dem Sitz in Neustadt an der Weinstraße zusammengeschlossen haben. Als Instrumente dienten lediglich 20 cm- und 25 cm-Spiegelteleskope. Dabei wurde der Versuch unternommen, drei in verschiedenen Farbbereichen erhaltene Aufnahmen nachträglich zu einem Farbbild zu vereinigen. Auch bei der normalen Farbfotografie werden eigentlich drei Grundfarbenbilder hergestellt, die erst in ihrer Zusammenwirkung ein farbiges Bild erzeugen. K. RIHM und seine Mitarbeiter fotografierten nun kosmische Nebel auf normale Kodak-Spektralfilme, die für bestimmte Farbbereiche sensibilisiert worden sind, und zwar für den blauen, grünen und roten Spektralbereich. Für die Blauaufnahme wurde ein 103 a-O-Film verwendet. Da dieser allerdings mit seiner Empfindlichkeit weit in das Ultraviolett hineinreicht, mußte zur Ausscheidung des überflüssigen Violettanteils ein Schott KV 389-Filter verwendet werden, damit die Bilder keinen auffälligen Blaustich erhielten. Die Grünaufnahmen sind mit einem 103 a-G-Film erhalten worden. Zur Ausschaltung der Blaustichigkeit

Bild 5. Der Omega-Nebel M 17 in drei Einzelaufnahmen der „Arbeitsgemeinschaft Astrofotografie" im blauen, grünen und roten Spektralbereich.

Bild 6. Farbkomposition der drei Einzelaufnahmen im blauen, grünen und roten Bereich des Omega-Nebels M 17 („Arbeitsgemeinschaft Astrofotografie“).

wurde ein Schott KV 470-Filter verwendet. Schließlich wurde für die Rotaufnahmen ein Kodak 103 a-E-Film und ein Schott OG 590-Filter verwendet. Die Belichtungszeiten schwankten zwischen etwa 25 und 80 Minuten. Die Nebel werden bei diesem Verfahren farblich verhältnismäßig gut wiedergegeben, während die in der Umgebung befindlichen Sterne wegen der hier auftretenden viel größeren Helligkeitsunterschiede häufig nicht in den echten Farben zu sehen sind. Sehr helle und damit überbelichtete Sterne erscheinen weiß, schwächere Sterne bläulich, auch wenn sie tatsächlich vielleicht gelb oder rot sind. Trotzdem haben die deutschen Amateurastronomen der Farbfotografie kosmischer Objekte neue Wege gewiesen. Dabei muß natürlich auch hier bedacht werden, daß es sich um Farbaufnahmen handelt, die keinen wissenschaftlichen Auswertungseffekt zeigen können. Trotzdem ist es legitim, auf solche Weise zu experimentieren und dem Astronomie-Interessenten solche Farbaufnahmen vorzustellen. Die vier deutschen Autoren dieser Bilder bezeichnen ihr Verfahren als „indirekte Astrofarbenfotografie durch subtraktive Farbmischung“.
Allerdings hat das Verfahren der indirekten Astrofarbenfotografie einige Beschränkungen. So kann man natürlich keine Objekte wiedergeben, die sich rasch bewegen,

da in dem Zeitraum, in dem die drei Einzelaufnahmen erfolgten, die Position dieses Objektes sich schon stark verändert haben kann. So wäre es also beispielsweise nicht möglich, einen Kleinplaneten richtig wiederzugeben. Er würde als drei verschiedenfarbige Punkte auf dem Bild erscheinen. Ähnlich ist es bei der Fotografie von Meteoren oder künstlichen Satelliten.

Mondlandschaften in Farbe

Welche Farbe hat eigentlich der Mond für das bloße Auge? Unsere Dichter scheinen hierzu keine ganz einhellige Meinung zu haben. So lesen wir beispielsweise in dem Gedicht „Die frühen Gräber" von Friedrich Gottlieb Klopstock: „Willkommen, o silberner Mond, schöner, stiller Gefährt der Nacht!" Bei Maximilian Dauthendey heißt es: „Der Mond ist wie eine feurige Ros', Die meine Liebste im Garten verlor." Und Theodor Däubler meint: „Durch Zypressen staunt er plötzlich, Daß ich ihm entgegen geh'. Aus dem Ölbaum blaut er lächelnd, Wenn mich's friedlich talwärts zieht."

In welcher Farbe der Mond uns erscheint, hängt offenbar von vielen Stimmungen, Wetterlagen und Jahreszeiten ab. Am ehesten können wir die Farbe des Mondes noch abschätzen, wenn wir ihn am hellen Tage beobachten. Dabei erscheint er uns meist in einer gelbrötlichen Farbe. Daß es sich dabei nicht um eine Kontrastwirkung gegenüber dem blauen Himmelsuntergrund handelt, wird uns sofort klar, wenn wir einmal eine kleinere, fast nur so groß wie die Mondscheibe auftauchende weiße Wolke betrachten. Auch bei ihr müßte ja eine gelbrötliche Färbung eintreten, wenn nur eine Kontrastwirkung vorliegen würde. Dem ist aber nicht so.

In Wirklichkeit hat der Mond an seiner Oberfläche aber doch wieder eine ganz andere Farbe. Überhaupt wird von fast

Bild 7. Eine Aufnahme des Mondes mit dem Celestron 8.

allen Menschen die tatsächliche Helligkeit des Mondes völlig überschätzt. Wenn ein Dichter vom „silbernen Mond“ sprechen kann, so ist dies nur erklärlich, weil wir die Mondscheibe meist vor dem Hintergrund des dunklen Nachthimmels betrachten. Die Astronomen wissen aus ihren Berechnungen schon lange, daß der Mond nur etwa 7% des auffallenden Sonnenlichts zurückwirft. Man sagt: Die Albedo (lat. albedo = die Weiße) des Mondes beträgt nur 0,07. Damit ist der Mond aber nahezu „schwarz“. Beträgt doch beispielsweise die Albedo für Bimsstein 0,48, für Kalk 0,36, für Vesuvasche 0,16, für Basalt 0,05 und Ätnalava 0,04. Die Albedo heller Wolken beläuft sich auf 0,65. So verfügt beispielsweise die mit Wolken überzogene Venus über eine Albedo von 0,61, während der nur über eine dünne Atmosphäre verfügende Mars eine Albedo von 0,15 besitzt. Unsere Erde liegt mit ihrer Albedo von 0,34 gerade etwa dazwischen. Nur noch der Planet Merkur kommt mit einer Albedo von 0,055 dem Wert des Mondes nahe. Würden wir ein Stück durchschnittlicher Mondoberfläche auf eine helle Schneeschicht legen können, so würde uns dieses nahezu schwarz erscheinen! Nur die Intensität des von vielen Quadratkilometern Mondoberfläche reflektierten Sonnenlichts summiert sich so stark, daß uns der Mond aus einem Abstand von knapp 400 000 km noch so hell erscheint. Da nun aber die Sonnenstrahlung im wesentlichen gelb ist, darf es nicht verwundern, wenn uns der Mond in eben dieser Farbe erscheint, sofern die Mondoberfläche die einzelnen Farbenanteile des Sonnenlichtes nahezu neutral reflektiert, d. h. also wenn die Mondoberfläche im Durchschnitt praktisch grau ist.

Genau dies scheinen auch die bemannten Landungen auf der Mondoberfläche zu bestätigen. Überall, wo Astronauten landeten, trat ihnen eine graue Mondlandschaft entgegen, die nur hin und wieder, an einzelnen Stellen über gefärbte Gesteine und Mineralien verfügte. Die allerersten Farbaufnahmen, die die Astronauten von der Mondoberfläche erhielten, zeigten zum Teil noch abenteuerliche Farben, die ins Grünliche oder Bläuliche gingen. Dies war vor allem eine Folge der auf irdische Beleuchtungsverhältnisse getrimmten Farbfilme, die für die Mondbedingungen eigentlich zunächst gar nicht geeignet waren. Im Laufe der Zeit lernte man aber hinzu, und die letzten Farbaufnahmen, die von den Apollo 15-, 16- und 17-Astronauten erhalten wurden, gaben die echte Färbung der Mondoberfläche schon recht gut wieder.

Aber schon im Jahre 1929 versuchte der amerikanische Astronom W. H. Wright mit Schwarzweißaufnahmen, die mit Ultraviolett- und Infrarot-Filtern gewonnen wurden, die Farben der Mondoberfläche indirekt zu enträtseln. Diese Versuche wurden im Jahre 1964 von E. A. Whitaker vom Lunar and Planetary Laboratory in Tucson, USA, fortgesetzt. Dieses Institut ist in den letzten Jahren in der Mond- und Planetenforschung führend geworden. Whitaker hatte neue Aufnahmen des Mondes mit dem 82zölligen Reflektor des McDonald-Observatoriums erhalten. Und schließlich kamen die Aufnahmen der Apollo-Astronauten hinzu.

Allgemein zeigte sich, daß das blauere Material an der Mondoberfläche reicher an Titan war. Zu den rötesten Gebieten gehörten dagegen solche, die am wenigsten mit Titan angereichert waren. Die nachstehende Tabelle soll davon eine kleine Vorstellung geben:

Besonders blaue Gebiete:	Mare Tranquillitatis	(Apollo 11)	7,5%	Titanoxid
	Oceanus Procellarum	(Apollo 12)	2,9%	Titanoxid
	Fra Mauro	(Apollo 14)	1,8%	Titanoxid
Besonders rotes Gebiet:	Krater Tycho	(Surveyor 7)	unter 1 %	Titanoxid

Während diese Untersuchungen sich auf großflächigere Gebiete des Mondes beziehen, sind natürlich auch im Detail noch kleinere Farbunterschiede auf dem Mond zu beobachten. Ein besonders typischer Fall war das Auffinden eines orangeroten Gesteins durch die Apollo 17-Astronauten Eugene Cernan und Harrison Schmitt am 13. Dezember 1972 auf der Nordhalbkugel des Mondes im Gebiet von Taurus und Littrow. Es handelte sich aber hier nicht etwa um Rosterscheinungen, wie man zunächst vermutete, sondern um winzige zusammengebackene Glaspartikel, wie sie auch schon bei früheren Mondlandungen, wenn auch nicht mit einer so ausgeprägten Orangeverfärbung, im Mondstaub gefunden wurden. Eine chemische Analyse ergab, daß diese Teilchen immerhin zu 22% aus Eisenoxid bestehen.
Die auf dem Mond gefundenen Glaspartikel entstanden im Zusammenhang mit den Einschlägen größerer Meteoriten. Dabei verdampfte ein Teil der Mondmaterie und schlug sich anschließend bei seiner Abkühlung in Form der Glaspartikel nieder. Die orangeroten Glasteilchen, die übrigens eine nahezu kristalline Struktur aufwiesen, mußten offensichtlich sehr rasch abgekühlt worden sein.

Farbige Sonnenaufnahmen

Die Sonnenstrahlen werden meist als weiß bezeichnet. Man spricht beispielsweise davon, daß das „weiße Sonnenlicht", wenn man es durch ein Prisma schickt, in die einzelnen Regenbogenfarben (Spektralfarben) zerlegt werden könne. Tatsächlich werden aber die einzelnen Wellenlängen und Farbbereiche des Lichtes von unserer Sonne nicht mit gleicher Intensität abgestrahlt. Das menschliche Auge ist in der Lage, Strahlung der Wellenlänge 360 bis 780 nm zu erfassen ($1 \text{ nm} = 10^{-9} \text{ m}$). Am kurzwelligen Ende liegt dabei das violette, am langwelligen Ende das rote Licht. Das Strahlungsmaximum der Sonne liegt bei 468 nm. Das ist zwar bereits tief im blauen Spektralbereich, trotzdem erscheint uns die Sonne eher gelblich. Das liegt einmal an der typischen Energieverteilung eines leuchtenden Körpers im Spektrum,

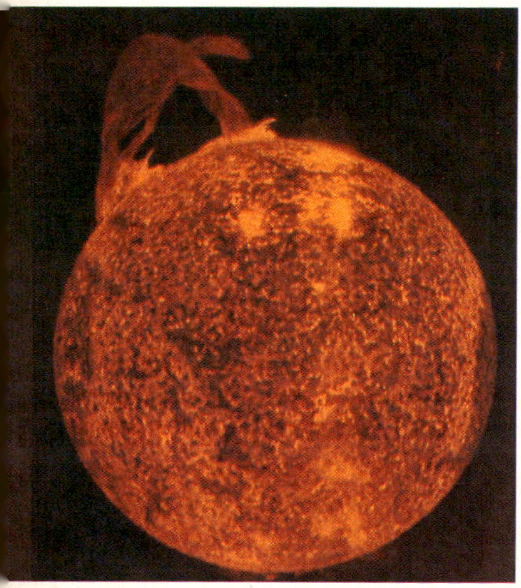

Bild 8 (links). Eine hohe Sonnenprotuberanz, die von dem Weltraumlaboratorium Skylab aus 1974 fotografiert wurde.

Bild 9 (rechts). Eine Röntgenaufnahme der Sonne von dem amerikanischen Weltraumlaboratorium Skylab aus im Sommer 1974.

wie sie die sog. Planckschen Strahlungskurven aufzeigen. Danach sinkt die Intensitätskurve von dem Gipfelpunkt zu kürzeren Wellenlängen hin schneller ab als zu längeren Wellenlängen. So ist beispielsweise die Strahlung bei 328 nm (im nahen Ultraviolett) halb so stark wie im Strahlungsmaximum bei 468 nm. Derselbe halbe Wert des Maximums wird zu den längeren Wellenlängen hin erst bei etwa 820 nm, an der Grenze zum Infraroten hin, erreicht. Der grüne und gelbe Bereich zwischen dem violetten und roten Ende des Spektrums wird daher immer noch außerordentlich stark ausgesandt.

Hinzu kommt die Wirkung unserer Erdatmosphäre: Das kurzwellige, blaue Licht wird in ihr stark gestreut und erzeugt auch den blauen Himmelsuntergrund bei Tage. Dagegen werden die gelben und roten Farbanteile weniger gestreut und gelangen besser auf dem direkten Wege zum Auge des Beobachters. Wegen des längeren Weges der Sonnenstrahlen durch die Erdatmosphäre bis zum Beobachter scheint daher die Sonne näher am Horizont noch bedeutend röter als bei einem hohen Stand am Himmel. Andererseits folgt daraus, daß unsere Sonne für einen Beobachter außerhalb der Erdatmosphäre nicht ganz so gelb erscheinen würde wie vom Erdboden aus. Trotzdem wäre die Gesamtfarbe der Sonne auch in diesem Falle noch als gelb zu bezeichnen.

Farbaufnahmen der Sonne mit normalen Kameras oder Fernrohren lohnen sich im allgemeinen nicht. Ganz anders ist es bei Aufnahmen der Sonne, die einen begrenzten Wellenlängenbereich des Spektrums herausfiltern. Beliebt sind beispielsweise Aufnahmen der Sonne im Bereich der roten Wasserstofflinie H_α bei 656,3 nm. Filtert man das wenige Licht, das durch diese dunkle Spektrallinie hindurchgeht, heraus und fotografiert damit die ganze Sonne, so erhält man nicht ein Bild der Sonnenoberfläche, wie wir es mit normalen Fernrohren gewöhnt sind. Vielmehr zeigt sich die über der Sonnenoberfläche (Photosphäre) gelagerte Schicht der Sonnenatmosphäre, die man als Chromosphäre („Farbschicht") bezeichnet. Solche „Spektrohe-

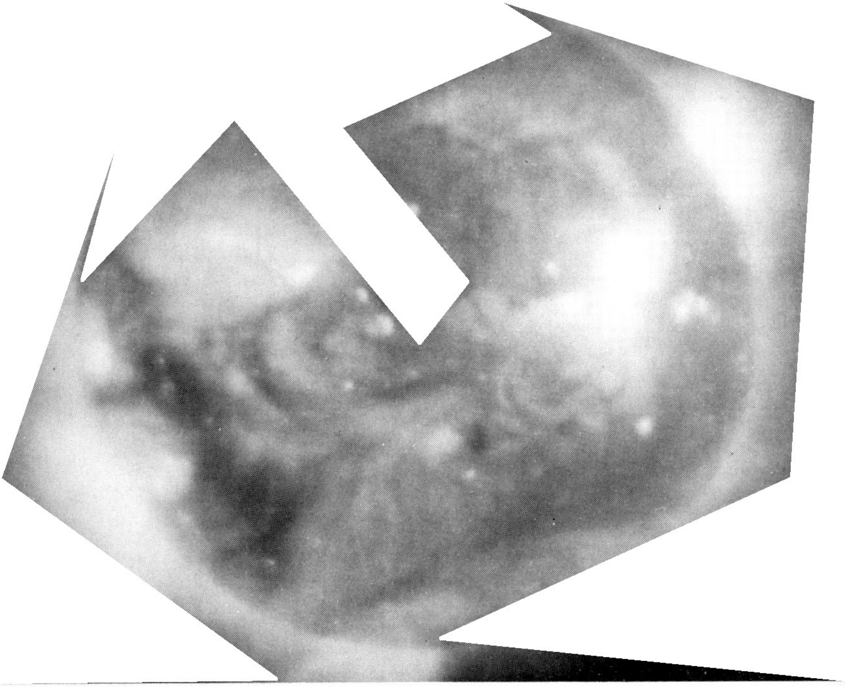

liogramme“ zeigen weniger die Sonnenflecken, sondern sehr viel besser helle Fakkeln und die oft nur wenige Minuten oder maximal ein bis zwei Stunden andauernden Eruptionen (engl. „flares“). Diese Aufnahmen erhielt man früher mit sog. Spektroheliographen. Das waren recht aufwendige Einrichtungen. Heute genügt ein H_α-Filter oder Lyot-Filter (benannt nach dem französischen Astronomen BERNARD LYOT). Es gibt davon teurere Ausführungen für wissenschaftliche Zwecke. Aber neuerdings ist es auch möglich, etwas einfachere H_α-Filter herzustellen, mit denen sogar Amateurastronomen schöne H_α-Aufnahmen der Sonne erhalten haben.

Da die H_α-Linie im roten Spektralbereich liegt, zeigen derartige Aufnahmen die Sonne in roter Farbe (es sei denn, man habe diese Aufnahmen nur auf Schwarzweißmaterial gewonnen). Es gibt aber auch Sonnenaufnahmen in anderen Spektrallinien, beispielsweise in den beiden Linien des einfach ionisierten Calciums im blauen Bereich. Die Ca-Spektroheliogramme zeigen die Sonne also in bläulicher Farbe.

Die H_α-Aufnahmen sind aber am begehrtesten. Kann man doch auch mit ihnen die über die Sonnenoberfläche hinausragenden Protuberanzen wiedergeben. Ja, es gibt sogar farbige Protuberanzenfilme, in denen die phantastischen Bewegungen dieser Gaswolken über der Sonnenoberfläche in roter Farbe im Zeitraffer vorgeführt werden können.

Bild 10. Die Landschaft bei der totalen Sonnenfinsternis vom 7. März 1970 von Mexiko aus gesehen. Aufnahme von F. Dorst.

Neuerdings ist es auch mit Satelliten und Raumsonden möglich, solche Sonnenstrahlungen aufzunehmen, die die Erdatmosphäre nicht durchdringen. Von den Astronauten an Bord des Weltraumlabors Skylab aus konnten beispielsweise in den Jahren 1973 und 1974 eindrucksvolle Röntgenaufnahmen der Sonne gewonnen werden. Die stärksten Röntgenherde fallen dabei mit starken Fackeln und „flares" zusammen. Aber auch die Korona der Sonne ist dank ihrer hohen Temperatur von ein bis zwei Millionen Grad Celsius ein Röntgenstrahler. Dadurch erscheint die Sonne für ein „Röntgenauge" größer als für das menschliche Auge. Die „Farben" der Röntgenaufnahmen geben allerdings nur Intensitätsunterschiede wieder.

Totale Sonnenfinsternisse als Farbenschauspiele am Himmel und auf der Erde

Während die partiellen Sonnenfinsternisse farblich nicht sehr eindrucksvoll sind, stellen die totalen Sonnenfinsternisse unter Umständen ein grandioses Farbenschauspiel dar. Dabei wird die Farbe der Korona, die bekanntlich mit bloßem Auge

Bild 11. Die Sonnenkorona während der totalen Sonnenfinsternis vom 7. März 1970. Aufnahme von F. Dorst.

nur bei totalen Finsternissen zu beobachten ist, oft recht verschieden beurteilt. Die Angaben reichen von silbrigweiß bis rötlich. Diese Unterschiede mögen durchaus reell sein. Es kann sich aber auch um Auswirkungen der Erdatmosphäre handeln, insbesondere durch den unterschiedlichen Höhenstand der Sonne über dem Horizont. Besonders auffällige Farben ergeben sich aber gar nicht in der Nachbarschaft unserer Sonne, sondern auf der Erdoberfläche und am Himmelsgewölbe, vor allem in dem Bereich des Horizonts, wo der Mondschatten in die noch von der Sonne beleuchteten Teile der Erde übergeht.

Zwei Augenzeugen sollen diese Farbphänomene illustrieren. So schildert REINHARD RAFFALT, der vom Flugzeug aus die Sonnenfinsternis vom 15. Februar 1961 über den Apenninen beobachtete: „Daß es finster wurde, nahm man noch hin. Man war darauf vorbereitet worden. Daß es im Norden und Süden Spiele des Lichtes gab, worin sich die Farben des Regenbogens mit dem Glanze reinsten Feuers vereinigten, konnte man sich durch die begrenzte Ausdehnung des Mondschattens erklären ... Astronomisch gesehen war der Mond mit seiner unbeleuchteten Seite in voller Rundung so vor die Sonne getreten, daß er sie völlig verdeckte. Was das Auge wahrnahm, war ein Kreis größter Vollkommenheit und ungewöhnlicher Ausdehnung, in niemals zuvor gesehener Schwärze am Himmel stehend und vom Widerschein des

jüngsten Tags umgeben. Leuchtende Strahlen schossen in gebündelter Kraft von ihm weg in das Firmament. An der Stelle war eine rote Lichtfontäne zu sehen, eine Protuberanz."
Und WALTER BITTERMANN erlebte dieselbe Finsternis auf den Hügeln der Toskana und schilderte den Höhepunkt der Totalität mit folgenden Worten: „Vom Westen wächst schwärzliches Blau heran. Sekundenlang zuckt am linken Mondrand eine gleißende Perlenkette auf. Dann geschieht es: Eine schwarze Wand rast auf uns zu, frißt gedankenschnell das Land. Der Kernschatten des Mondes jagt daher, Geschwindigkeit 2 km/sec – Nacht. Und oben die Scheibe ist „gekippt"; saugendes Schwarz, umflammt von einem zerzausten Bart. Die Sonnenkorona leuchtet Millionen von Kilometern ins All. Links springt ein violettverglühender Rüssel aus der Schwärze – eine Protuberanz ... Eine zweite Protuberanz springt auf, und über den Tälern scheidet sich ein Rest von Licht in zwei gespenstische Dämmerungen. Gebrochene, regenbogenfarbene Strahlen erhellen die Horizonte. Und dann blitzen Sterne auf."

Farben bei einer Mondfinsternis

Tritt bei einer Mondfinsternis unser Erdtrabant in den Schatten unseres Planeten ein, so verschwindet er nicht vollständig, sondern bleibt weiterhin in einem schwachen, meist rötlichen Schimmer beobachtbar. Selbst bei einer totalen Finsternis verschwindet der Mond meist nicht vollständig. Dieses eigentümliche Farbenspiel geht auf folgenden Umstand zurück: Sonnenlicht, das streifend durch die Erdatmosphäre geht, wird von ihr in den Erdschattenraum gebrochen. Und auf dem langen Weg, den dabei das Sonnenlicht durch die irdische Lufthülle nehmen muß, wird das kurzwellige, blaue Licht gestreut, während das rötliche Licht am besten hindurch gelangt.
Doch ist die Verfärbung des Mondes von Finsternis zu Finsternis immer wieder ein wenig anders. Ganz offensichtlich sind dafür die atmosphärischen Bedingungen in den Zonen unserer Erde verantwortlich, in denen die oben besprochene Brechung des Sonnenlichts erfolgt. So hat man oft Finsternisse erlebt, in denen der Mond in einem außerordentlich hellen kupferroten oder orangeroten Licht erscheint. Daneben gibt es ziegelrote Finsternisse, dunkelrote bis rostfarbene Finsternisse, während gelegentlich sogar dunklere graue oder bräunliche Verfärbungen wahrnehmbar sind. Ganz selten kommt es sogar vor, daß der Mond während einer totalen Finsternis vollständig unsichtbar bleibt.
Aufzeichnungen, die über Jahrzehnte hinweg erfolgten, ergaben, daß extrem dunkle Mondfinsternisse vor allem dann aufzutreten pflegen, wenn kurz zuvor heftige Vul-

kanausbrüche auf der Erde stattfanden. Bei dieser Gelegenheit werden riesige Mengen von Asche- und Rauchteilchen in die höheren Schichten der Erdatmosphäre verfrachtet. Diese Teilchen absorbieren das Sonnenlicht so stark, daß nur noch ganz wenig Licht in den Erdschattenraum gebrochen werden kann.

Um den rotverfärbten Erdschatten herum zeigt sich manchmal auch eine bläuliche bis grünliche Randzone. Verschiedene Autoren sind der Meinung, daß dafür die Ozonschicht in unserer Erdatmosphäre, die sich in einer Höhe von etwa 15 bis 30 km befindet, verantwortlich ist.

Ein besonders farbenprächtiges Schauspiel war beispielsweise bei der totalen Mondfinsternis vom 18./19. November 1975 zu verfolgen. Damals zog der Vollmond nur durch die Randbereiche des irdischen Kernschattens: Selbst zur Mitte der Finsternis verblieb der obere, nördliche Mondrand noch ein Stückchen außerhalb des Kernschattenzentrums, während der südliche, untere Mondrand nahe an der Kernschattengrenze lag. Die Folge war, daß der obere Mondrand wesentlich dunkler als der untere Mondrand erschien. Gleichzeitig zeigte sich ein phantastischer Farbübergang von einem hellen Rosa oder Braun am oberen Rand bis zu einer violett-grünlichen Farbe am unteren Mondrand.

An sich sind auch bei den meisten anderen totalen Mondfinsternissen die wichtigsten Oberflächeneinzelheiten unseres Erdtrabanten weiterhin sichtbar. Bei der Finsternis vom 18./19. November 1975 trat diese Erscheinung aber besonders kräftig hervor. Es war nach meiner Beurteilung vielleicht sogar die hellste totale Mondfinsternis, die seit Jahrzehnten von unserer geographischen Zone aus beobachtet werden konnte.

Je nach Helligkeit und Farbe des Mondes bei einer Finsternis hat der französische Astronom A. Danjon im Jahre 1920 eine Mondfinsternis-Klassifikation vorgeschlagen.

Danach erhält eine Mondfinsternis die Stufe 0, wenn sie sehr dunkel ist und der Mond fast unsichtbar wird, besonders in der Mitte der Totalität. Die Stufe 1 erhält eine dunkle Finsternis mit grauer oder bräunlicher Verfärbung, Einzelheiten auf der Mondoberfläche sind schwer zu unterscheiden. Die Stufe 2 bedeutet eine dunkelrote oder rostfarbene Finsternis mit einem sehr dunklen Fleck im Schattenzentrum. Die Randpartien des Schattens sind ziemlich hell. Die Stufe 3 erhält eine ziegelrote Finsternis. Der Schatten ist hier oft mit einem hellen oder einem gelblichen Rand eingesäumt. Die Stufe 4 schließlich erhält eine kupferrote oder orangerote helle Finsternis mit einer bläulichen, sehr hellen Randzone.

Die Planeten in Farbe

Schon mit bloßem Auge zeigen die Planeten eine deutliche Verfärbung. Nebenbei bemerkt: Sie spielte bei der astrologischen Ausdeutung dieser „Planetengottheiten“ im Altertum und in noch früherer Zeit eine nicht unwesentliche Rolle. Merkur als innerster Planet unseres Sonnensystems erscheint meist in einer tiefgelben Farbe. Da er nur kurze Zeit nach Sonnenuntergang im Westen oder kurz vor Sonnenaufgang im Osten nahe dem Horizont beobachtet werden kann, kommt oft noch eine Rotverfärbung durch die Erdatmosphäre hinzu.

Venus, der hell leuchtende Morgen- oder Abendstern, erscheint praktisch rein weiß. Mars dagegen ist deutlich orange bis rot gefärbt. Der Sättigungsgrad dieser Farbe ist aber nicht immer einheitlich. Es hängt dies offenbar auch damit zusammen, welche Seite des Planeten Mars infolge seiner Rotation unserer Erde gerade zugekehrt ist, ob ein großer Teil der hellstrahlenden Polarkappen auf der erdzugewandten Seite liegt und welche Bedingungen gerade in der Marsatmosphäre selbst vorliegen.

Auch der Riesenplanet Jupiter erscheint weiß, wenn auch nicht ganz so rein, wie wir es bei der Venus feststellen können. Seine Farbe ist vielleicht eher mit „gelblichweiß“ zu bezeichnen. Saturn dagegen hat wieder eine Farbe, die dem Merkur ähnelt, also tiefgelb. Die nur mit Fernrohren zu beobachtenden Planeten Uranus und Neptun zeigen eine bläulich-grüne Farbe. Zweifelsohne haben diese Planetenfarben etwas mit ihrer Oberflächenstruktur oder mit ihren atmosphärischen Gegebenheiten zu tun. Bei Merkur und Mars sind es vor allem die gelblichen bis rötlichen Wüstenlandschaften, die zu ihrer Farbe beitragen. Bei Venus und teilweise auch bei Jupiter sind es die stark reflektierenden Wolkenschichten. Saturn dagegen besitzt zwar gleichfalls eine Atmosphäre, aber offenbar mit trüberen oder stärker

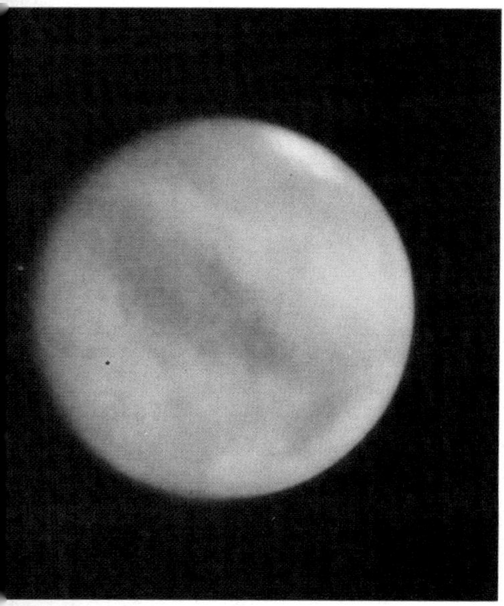

Bild 12 (links). Eine der ersten farbigen Marsaufnahmen, die bereits in den fünfziger Jahren am Mount Wilson-Observatorium in Kalifornien mit dem 1,25 m-Spiegel erhalten wurden.
Bild 13 (rechts). Der Ringplanet Saturn, aufgenommen mit einem Celestron 14.

gefärbten Wolkenschichten. Die eigentümliche Färbung von Uranus und Neptun wird dagegen vor allem auf den höheren Methangehalt ihrer Atmosphären zurückgehen.
Seit gut zwanzig Jahren gibt es auch Versuche, mit Fernrohren die Planeten farbig zu fotografieren. Anfangs waren es meist nur größere Instrumente, wie etwa der 1,25 m-Spiegel auf dem Mt. Wilson in Kalifornien, mit denen man derartige Versuche unternahm. Bald kamen auch andere größere und kleinere Instrumente hinzu. Von den bedeutenderen Sternwarten, die sich damals um die Farbfotografie von Planeten verdient gemacht haben, seien das Lick-Observatorium auf dem Mt. Hamilton bei San Franzisko, das Kitt Peak-Observatorium bei Tucson in Arizona sowie das Lamont-Hussey-Observatorium in Bloemfontein, Südafrika, genannt. In den letzten Jahren haben sich auch zahlreiche Amateurastronomen mit Farbaufnahmen der Planeten hervorgetan.
Allerdings waren für Farbaufnahmen zunächst nur die Planeten Mars, Jupiter und Saturn ergiebig. Auf Mars zeichneten sich die rötlichen „Wüstengebiete" (Terrae-Gebiete) gegenüber den mehr tintig bläulich-grünlich verfärbten „Maria" aus. Daneben hoben sich die weißlichen Polarkappen deutlich ab. Bei Jupiter konnten die unterschiedlichen Färbungen in seinen Wolkengürteln und besonders eindrucksvoll

der „Große Rote Fleck“ (GRF) dargestellt werden, der nach neueren Untersuchungen ein großer Wirbelsturm in der Jupiteratmosphäre ist. Wahrscheinlich bestehen die Wolkengebilde auf Jupiter aus Ammoniakeiskristallen. Die unterschiedlichen Farbtönungen könnten durch leichte Beimengung anderer Chemikalien erklärt werden. Im ganzen wechseln auf Jupiter dunklere, bräunliche Bänder mit hellen, fast weißen Zonen zebrastreifenartig ab. Doch immer wieder gibt es darin Unregelmäßigkeiten zu beobachten: Dunkle Flecke und Stäbchen, Einkerbungen und girlandenartige Phänomene sowie (neben dem schon erwähnten „Großen Roten Fleck“) kleinere, runde, leuchtend granatrote Flecken.
Saturn zeigt ein ähnliches Bild wie Jupiter, doch sind die atmosphärischen Gebilde nicht so deutlich zu erkennen. Dementsprechend sind auch die Farben in den Wolkenbändern des Saturn nicht so eindeutig fotografisch wiederzugeben. Je nach verwendetem Fernrohr und Film ergeben sich dabei recht beachtliche Unterschiede. Immerhin zeigt sich auf den meisten Aufnahmen, daß die Färbung des Planeten selbst mehr ins Tiefgelbe tendiert, während der Ring eine eher weißliche Farbe zeigt. Dabei ist der mittlere Ring (Ring B) am hellsten.

Raumsonden fotografieren die Planeten farbig

In den letzten Jahren erhielten wir mit Hilfe mehrerer amerikanischer Raumsonden auch Farbaufnahmen der Planeten Venus, Mars, Jupiter und einiger seiner Satelliten. Die Technik dieser Aufnahmen wich dabei zunächst erheblich von den üblichen Farbfotografien ab, die wir mit Fernrohren erhalten. Die Kameras an Bord der Raumsonden können nämlich Farbbilder nicht direkt aufnehmen und diese auf dem Funkwege zu unserer Erde übertragen, wie dies bei unserem Farbfernsehen auf der Erde der Fall ist. Dazu ist die Leistung der Sender an Bord einer Raumsonde im Verhältnis zum Abstand Raumsonde – Erde viel zu gering.
Man mußte daher einen indirekten Weg beschreiten:
Schon der normale Farbfilm, den wir für die tägliche Fotografie benutzen, ist in Wirklichkeit ein Dreischichtenfilm. Drei hauchdünne Schichten sind für drei verschiedene Farbbereiche sensibilisiert worden, und zwar für Blau, Grün und Rot. In diesen einzelnen Schichten wird also der blaue, grüne und rote Bildanteil registriert. Erst das Zusammenfügen aller Schichten führt zu dem farbechten Bild. In gewisser Hinsicht ähnelt dieses Verfahren dem Dreifarbendruck, bei dem ja auch drei „Farbauszüge“ in den subtraktiven Grundfarben Gelb, Purpur und Blaugrün übereinandergedruckt werden.
So hatten auch die Raumsonden Mariner 6, 7 und 9 vom Planeten Mars in den Jahren 1969 und 1972 erstmals Farbbilder in drei verschiedenen „Farbauszügen“

Bild 14 (oben links). Die Venus nach einer Aufnahme im ultravioletten Wellenlängenbereich von der amerikanischen Sonde Mariner 10 im Februar 1974.
Bild 15 (oben rechts). Der Planet Jupiter aus einer Entfernung von 2,5 Millionen km, aufgenommen mit der amerikanischen Raumsonde Pionier 10 im Dezember 1973. Aufnahmen USIS

schwarzweiß zu unserer Erde gesendet. Es waren drei Bilder, die mit je einem Blau-, Grün- und Rotfilter in Schwarzweiß aufgenommen worden waren. Auf der Erde wurden diese Farbauszüge wiederum mit Filtern behandelt und zu einem echten Farbbild vereinigt.

Die Raumsonde Mariner 10 übertrug im Februar 1974 bei einem nahen Vorüberflug an unserem „Morgen- und Abendstern" Venus auch Ultraviolettaufnahmen der oberen Wolkenschichten dieses Planeten. Die Wolken hoben sich dabei deutlich von dem Hintergrund ab.

Noch etwas raffinierter gelangen die Farbaufnahmen des Jupiter durch die Raumsonden Pionier 10 und 11 im Dezember 1973 und Dezember 1974. Hier konnten nur zwei Farbauszüge zu unserer Erde übertragen werden, und zwar im blauen und roten Spektralbereich. Für die spätere Bildzusammensetzung wurde für den Grünanteil ein Wert hinzugefügt, den man aus den teleskopischen, erdgebundenen Fernrohrbeobachtungen und -fotografien im Laufe mehrerer Jahre statistisch ermittelt hatte.

Im September 1979 erhielten wir nach einem ähnlichen Verfahren auch Farbauf-

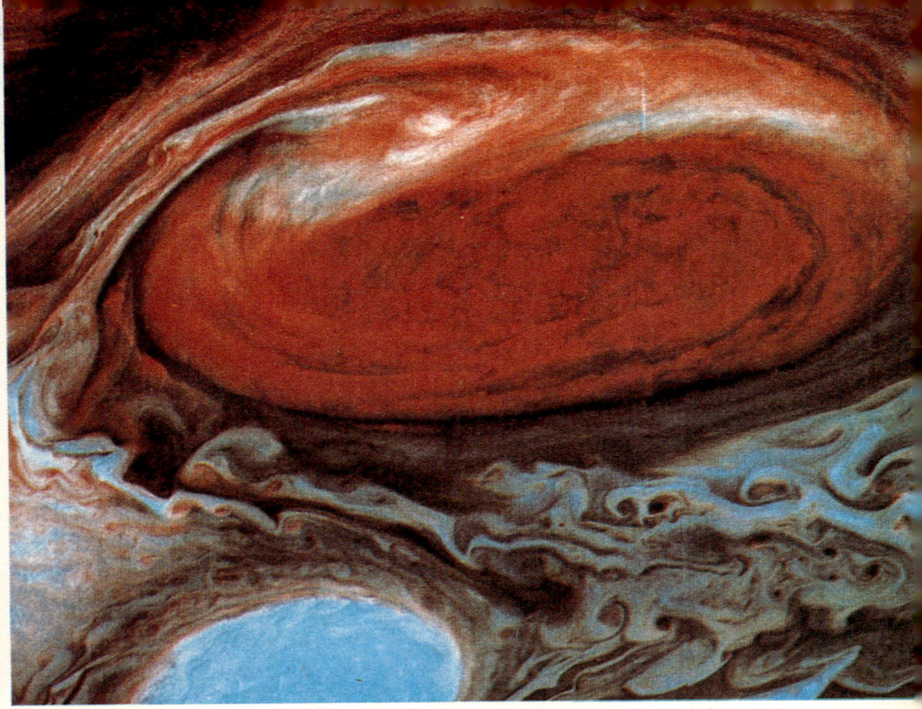

Bild 16 (links). Der Jupiter-Satellit Io mit einem am Rand erscheinenden Vulkan-Ausbruch, aufgenommen von der amerikanischen Raumsonde Voyager 1 im Jahre 1979.
Bild 17 (oben). Der „Große Rote Fleck" auf Jupiter, nach einer Aufnahme von Voyager 1 im Frühjahr 1979. Aufnahmen NASA

nahmen des Planeten Saturn. Die Raumsonde Pionier 11, die am 3. Dezember 1974 an Jupiter vorüberflog, hatte nämlich dabei ihre Bahn so verändert, daß sie auch diesen Ringplaneten erreichen konnte. Damals war es auch möglich, einige, allerdings recht verwaschene Farbaufnahmen der vier größten Jupitersatelliten Io, Europa, Ganymed und Kallisto zu erhalten.

Einen gewaltigen Sprung nach vorne lieferten aber die beiden Voyager-Sonden, die am 5. März bzw. 9. Juli 1979 nahe an Jupiter vorüberflogen. Sie übermittelten der Erde nicht nur phantastische Detailaufnahmen der Jupiteratmosphäre, sondern auch Nahaufnahmen von fünf Jupitersatelliten. Auf Io zeigten sich zahlreiche Krater und Vulkane – aktive Vulkane sogar, nicht inzwischen erloschene Vulkane, wie sie auf dem Mars gefunden wurden. Auf Europa dagegen stellte man seltsame Linienmuster fest, vermutlich Eisrisse an seiner Oberfläche.

Der größte Jupitersatellit Ganymed zeigt an seiner Oberfläche ebenfalls Eis, aber auch Strukturen, die an unseren Erdmond erinnern. Kallisto stellt dagegen eine Art

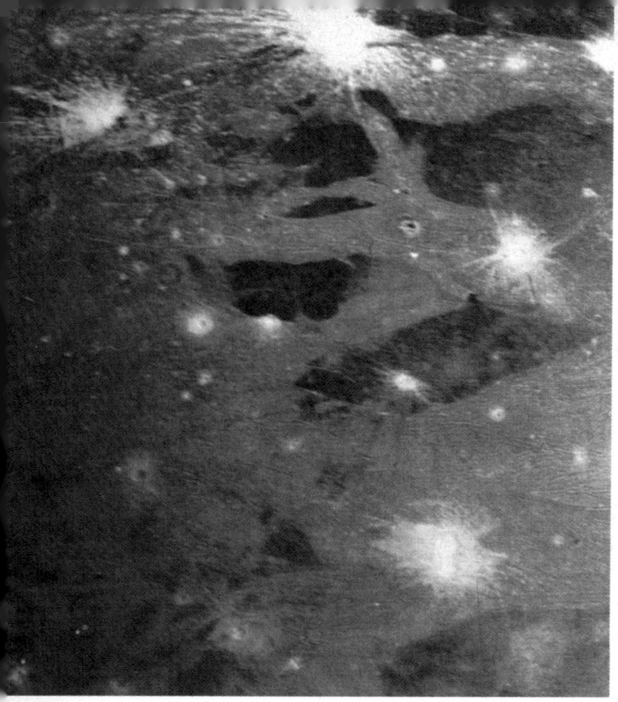

Bild 18 (links). Die Oberfläche des Jupitersatelliten Ganymed, aufgenommen von der amerikanischen Sonde Voyager 1 im Jahre 1979. Aufnahme USIS
Bild 19 (rechts). Der Jupitersatellit Kallisto nach einer Aufnahme von Voyager 1 im Jahre 1979. Aufnahme NASA

„Supermond" dar – mit einer fast völligen Sättigung seiner Oberfläche mit Kratern, die durch Meteoritenaufstürze entstanden sind. Schließlich wurde ein Ring des Jupiter entdeckt und farbig fotografiert.

Ein Höhepunkt: Viking 1 und 2 fotografieren die Marsoberfläche farbig

Einen Höhepunkt in der farbigen Planetenfotografie stellten die Landungen der beiden amerikanischen Marssonden Viking 1 und 2 auf der Oberfläche des roten Planeten dar. Am 20. Juli 1976 ging zunächst die Sonde Viking 1 auf der Nordhalbkugel des Mars in etwa 24° Breite im Bereich der Landschaft Chryse nieder. Am 4. September 1976 setzte dann Viking 2 etwa 1600 km nördlich der Landestelle von Viking 1 auf. Die Breite dieser Landestelle betrug 48° Nord inmitten der Landschaft „Utopia Planitia".
Aber schon am 18. Juni 1976 übertrug Viking 1 eine prachtvolle Farbaufnahme des Mars aus etwa 500 000 km Entfernung zur Erde. Es war gerade für einen gedachten Beobachter auf Viking 1 „Halbmars". Nahe der Tag-Nacht-Grenze sah man das

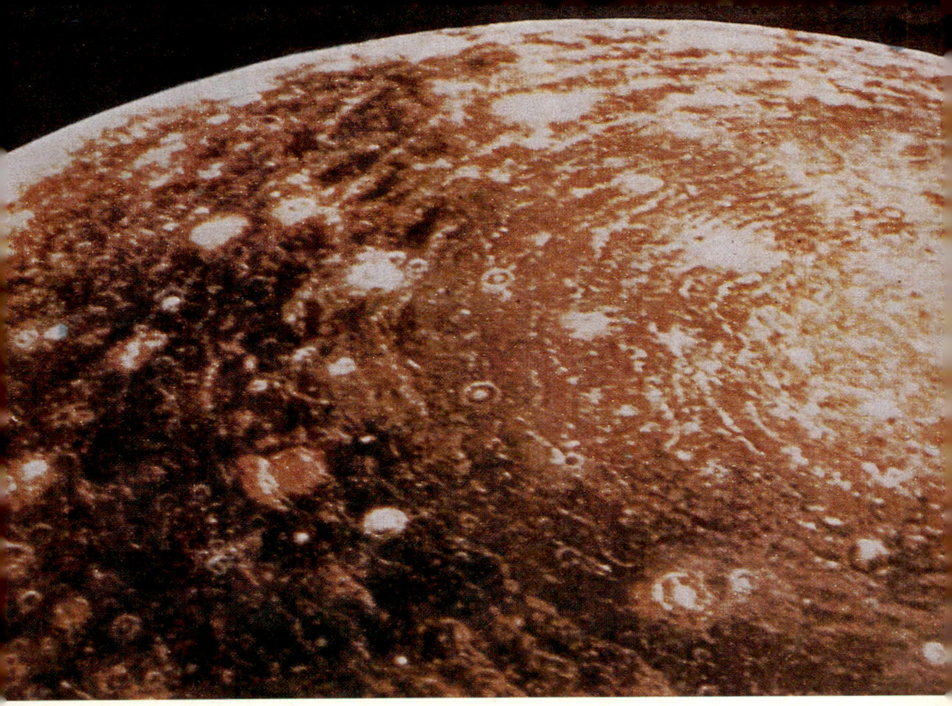

vermutlich durch den Einschlag eines gewaltigen Meteoriten vor langer Zeit entstandene Argyre-Becken. Seine große Helligkeit und die weißliche Tönung könnten auf einen reifartigen Überzug, vielleicht aber auch auf Wolken oder Nebel zurückzuführen sein. In der Nachbarschaft dieses Beckens war eine größere Zahl weiterer Einschlagskrater zu erkennen. Ebenfalls nicht weit von der Lichtgrenze entfernt war einer der berühmtesten geologischen Formationen des Mars zu sehen: Valles Marineris, der „Grand Canyon" unseres Nachbarplaneten. Dieser Canyon hat immerhin eine Länge von 5000 km und würde damit fast von der Westküste bis zur Ostküste der Vereinigten Staaten reichen, wenn man ihn auf die Erde verpflanzen könnte! Seine Tiefe beträgt bis zu etwa 6000 m, seine Breite erreicht maximal 200 km. Dieser Graben verläuft unweit des Marsäquators zwischen etwa 5° und 18° südlicher Breite. Etwa in der Verlängerung des Grabens in Richtung auf die Tag-Nacht-Grenze dieser Aufnahme, die eigentlich aus drei Einzelbildern zusammengesetzt wurde, befindet sich auch ein Gebiet mehrerer Vulkane auf Mars. Aber diese Vulkane befinden sich schon fast am Rand der Aufnahme und sind deswegen nur unvollständig zu erkennen.

Besser ist das auf Mars nun schon seit Mariner 9 berühmt gewordene Gebiet mehrerer Vulkane auf einer Farbaufnahme zu sehen, die einen Tag später, am 19. Juni 1976, aus nahezu derselben Entfernung gewonnen wurde. Die Vulkane zeigen sich

Bild 20. Der Planet Mars aus einer Entfernung von etwa 500 000 km mit Viking 1 am 19. Juni 1976 aufgenommen. Rechts oben Nix Olympica. Aufnahme NASA

als nahezu schwarze Ringe. Am deutlichsten tritt „Nix Olympica" hervor – der höchste Vulkan, der bisher im Sonnensystem entdeckt wurde. Er ragt 24 km über die Umgebung, sein Gesamtdurchmesser beläuft sich auf 600 km. Selbst der Gipfelkrater hat noch einen Durchmesser von über 40 km! Warum dieser Vulkan und seine in der Nachbarschaft gelegenen kleineren Brüder auf der Aufnahme vom Juni 1976 so prägnant heraustreten, ist umstritten. Auf früheren Aufnahmen von Mariner 9 in den Jahren 1971/72 waren sie zwar auch deutlich, aber nicht so kontrastreich zu sehen. Vielleicht war dieser Umstand vorübergehenden atmosphärischen Bedingungen zuzuschreiben.

Nur kurze Zeit nach der Landung von Viking 1 auf Mars wurde mit der Übertragung von Aufnahmen begonnen. Deutlich zeigte sich das rötliche Gestein unseres Nachbarplaneten, bei dem es sich vermutlich um eisenoxidhaltige Mineralien, wie z. B. Limonit, handeln dürfte. An einzelnen Stellen kommt auch das etwas dunklere Muttergestein zur Geltung. Auch der Himmel erscheint zumeist in einer rosaroten Färbung. Man könnte sich dies am ehesten dadurch erklären, daß während der Tagesstunden durch Winde rötliche Staubteilchen aufgewirbelt werden.

Bild 21. Sanddünen um die Landestelle von Viking 1 auf der Marsoberfläche, aufgenommen im Sommer 1976. Aufnahme NASA

Farbaufnahmen von Kometen und Meteoren

Kometen erscheinen im Fernrohr als blasse, nebelhafte Gebilde ohne klar hervortretende Farben. Daher sind sie für die Farbfotografie auch keine sehr dankenswerten Objekte. Die auf Farbaufnahmen auftretenden Farben hängen doch zu sehr von den äußeren Bedingungen, wie etwa der Belichtungszeit, der Art des Films, dem Hintergrund des Kometen usw., ab. Trotzdem sind in den vergangenen Jahren zum Teil recht schöne Aufnahmen von helleren Kometen in Verbindung mit der umgebenden Landschaft, dem aufgehellten Dämmerungshimmel usw. gelungen. Sie haben aber mehr einen ästhetischen Reiz. Die Farben müssen mit Vorsicht bewertet werden.

Besonders schwierig gestaltet sich auch die Farbaufnahme eines hellen Meteors. Da diese Objekte plötzlich auftreten, ist man nicht so gut zur Aufnahme vorbereitet, wie dies etwa bei anderen Himmelskörpern der Fall ist. Selbst eine normale Schwarzweißaufnahme eines Meteors ist fast immer eine Zufallsaufnahme – es sei denn man fotografierte einen stärkeren Meteorschwarm, wie z. B. den am 17. No-

vember 1966 aufgetretenen Schwarm der Leoniden. Er konnte vor allem von Nordamerika aus in den frühen Morgenstunden beobachtet werden. Damals gelangen auch eine ganze Reihe von Farbaufnahmen, die mit einer Kamera 1 : 1,9 auf High Speed Ektachrome-Film von T. B. Kirby und T. P. Pope in New Mexico sowie von D. Person in Arizona gewonnen wurden.

Die Aufnahme einer extrem hellen Feuerkugel, die von Teilen Nordamerikas aus am hellen Tage des 10. August 1972 beobachtet werden konnte, muß aber als ein besonders glücklicher Zufall angesehen werden. Neben Einzelbildern gelang auch die Aufnahme der Flugbahn des Meteors mittels einer Super-8 mm-Kamera auf Farbfilm. Bei 18 Bildern pro Sekunde konnte auf dem Filmstreifen die Bewegung und Veränderung dieser Feuerkugel einschließlich ihres langen Schweifes sehr gut verfolgt werden. Farbig ist dabei allerdings praktisch nur die Landschaft im Vordergrund. Das Meteor zeigte sich weiß gegen das blaue Himmelsgewölbe.

Farbige Sternbilder

Die Farben der Fixsterne reichen von Bläulichweiß über Weiß, Gelbweiß, Gelb, Orange bis Rot. Diese Farbskala hängt eng mit der Oberflächentemperatur der

Bild 22 (links oben). Der Komet West (1975 n) am 4. März 1976 am östlichen Morgenhimmel, aufgenommen von Martin Großmann.
Bild 23 (links unten). Das Sternbild Orion nach einer Aufnahme von G. U. Haig.

Sterne zusammen. An der Spitze der soeben erwähnten Skala stehen die heißesten Sterne, an deren Oberfläche Temperaturen von 20 000 °C und mehr herrschen. Zu den gelben Sternen zählen solche mit Oberflächentemperaturen von etwa 5000 bis 7000 °C. Sterne, die nur noch eine Oberflächentemperatur von etwa 3000 °C aufweisen, sind rot.

Leider ist es allerdings nicht ganz einfach, die Farben der Fixsterne unter normalen Bedingungen gänzlich unverfälscht wiederzugeben. Fotografieren wir etwa das Sternbild Orion, so müßten der linke obere Schulterstern Beteigeuze orange bis rot, die meisten anderen hellen Sterne des Orion weiß bis bläulichweiß erscheinen. Da die Helligkeit von Beteigeuze nicht wesentlich von denen der anderen Hauptsterne des Orion verschieden ist, wird dies auch tatsächlich noch gelingen. Schwieriger ist es dagegen bei Sternen, deren Helligkeit stark aus der Mehrheit der übrigen herausragt. Allzu gerne führen dabei Überbelichtungen oder Unterbelichtungen zu Farbverfälschungen. Trotzdem ist es recht reizvoll, auch selbst mit Kleinbildkameras entsprechende Versuche zu unternehmen. Hält man die Belichtungszeit verhältnismäßig kurz, bei etwa 20 – 30 Sekunden, so kann man mit einem hochempfindlichen Farbfilm die helleren Sterne eines Sternbildes noch als Punkte erfassen.

Bei längeren Belichtungszeiten werden die Sterne infolge ihrer scheinbaren täglichen Bewegung von Ost nach West zu Strichen auseinandergezogen. Aber auch die „Strichspur-Aufnahmen" sind oft recht reizvoll. Jeder Besitzer einer normalen Kleinbildkamera wird erstaunt sein, wie viele Sterne auf einer Farbaufnahme zum Vorschein kommen, wenn er von feststehender Kamera aus 10 oder 20 Minuten lang ein bestimmtes Sternfeld fotografiert. Es sind jedenfalls weitaus mehr Sterne als mit freiem Auge gesehen werden können. Eine reizvolle Aufgabe ist es, mit Hilfe solcher Strichspur-Aufnahmen Sternkarten anzufertigen. Man braucht dazu nur die Anfangs- oder Endpunkte der jeweiligen Striche mit einer Nadel je nach der Helligkeit des Sterns mehr oder weniger tief zu durchstechen und diese Löcher auf einen Bogen Papier zu übertragen. Auf diesem Wege kann man die wichtigsten Sternbilder kartographisch erfassen. Natürlich gelingt dies auch mit normalen Schwarzweißaufnahmen. Wegen der höheren Empfindlichkeit der Schwarzweißfilme werden dabei sogar noch schwächere Sterne wiedergegeben bzw. können wir zu kürzeren Belichtungszeiten greifen.

Wie bereits auf Seite 8 berichtet wurde, wird die Farbwiedergabe bei der Verwendung von Tiefkühlkameras wesentlich verbessert. Der Umstand, daß in einem Sternfeld über- oder unterbelichtete Sterne Farbverfälschungen zeigen, fällt dabei zu einem erheblichen Teil weg. Hier können wir also, mindestens bis zu einem gewissen Grad, die auf der Aufnahme zu findenden Farben den tatsächlichen Farben der Sterne gleichsetzen.

Sternhaufen

Sternhaufen sind zum Teil bereits für einfache Kameras ein dankbares Objekt. Sind doch einige der sog. offenen Sternhaufen bereits mit bloßem Auge zu beobachten, insbesondere die Hyaden und die Plejaden im Sternbild Stier. In den Plejaden können wir mit bloßem Auge (trotz der populären Bezeichnung „Siebengestirn“) meist nur sechs Sterne erkennen. Lediglich mit sehr scharfen Augen, in mondscheinfreien Nächten und vom Gebirge aus sind noch einige weitere Sternchen auszumachen. Deswegen ist es besonders reizvoll, diese Sternhaufen mit einfachen Kameras, verschiedenen Filmen und verschiedenen Belichtungszeiten aufzunehmen und die Zahl der Sterne festzustellen. Mit lichtstärkeren Kameras bzw. Teleskopen sind in den Plejaden aber auch helle Nebelmassen zu erkennen. Die Entfernung der Plejaden von unserer Erde beträgt rund 410 Lichtjahre und die Gesamtzahl an Sternen etwa 120. Es handelt sich dabei überwiegend um Sterne mit hoher Oberflächentemperatur. Ihre Farbe liegt bei weiß bis bläulichweiß.
Die in den Plejaden erkennbaren Nebel bestehen im wesentlichen aus staubförmiger Materie, die einfach das Licht der hellen Sterne reflektiert. Da diese Reflektion des Lichtes ziemlich unabhängig von der Wellenlänge stattfindet, müssen auch die Nebelmassen die bläulichweiße Farbe der Sterne wiedergeben. Staubförmige Nebel (Reflexionsnebel) zeigen daher immer die Farbe der sie anstrahlenden Sterne.
Ein zweites Beispiel eines offenen Sternhaufens ist h/χ Persei. Dieser Doppelsternhaufen, der sich etwa halbwegs zwischen den Sternbildern Kassiopeia und Perseus befindet, kann unter extrem günstigen Sichtbedingungen gerade noch mit bloßem Auge als verwaschener Nebelfleck gesehen werden. Schon mit einem Feldstecher ist die Beobachtung wesentlich besser, und die hellsten Sterne treten bereits hervor. Beide Sternhaufen sind 7300 Lichtjahre entfernt und enthalten 300 bis 350 Einzelsterne.
Schwieriger in einer Farbaufnahme wiederzugeben sind die kugelförmigen Sternhaufen. Sind sie doch wesentlich weiter von unserer Erde entfernt und enthalten größenordnungsmäßig 100 000 bis 1 Million Sterne. In kleineren Fernrohren erscheinen sie zumeist nur als rundliche Nebelflecke mit einer zentralen Verdichtung. Erst mit etwas größeren Instrumenten lösen sich wenigstens die Randzonen in einzelne Sterne auf. Herkömmliche Schwarzweiß- und Farbaufnahmen geben derartige Kugelhaufen meist so wieder, daß der zentrale Teil vollkommen verschmiert ist, d. h. Einzelsterne sind dort nicht mehr zu erkennen.

Bild 24 (rechts oben). Der Sternhaufen der Plejaden nach einer Aufnahme des 1,25 m-Spiegels auf dem Mount Wilson, Kalifornien.
Bild 25 (rechts unten). Der kugelförmige Sternhaufen M 13 im Sternbild Herkules nach einer Aufnahme des US Naval Observatory, Flagstaff Station, Arizona.

Die Tiefkühltechnik, wie sie erstmals am Flagstaff-Observatorium in Arizona erprobt wurde, lieferte aber z. B. für den kugelförmigen Sternhaufen M 13 im Sternbild Herkules vor allem wegen der erhöhten Empfindlichkeit des Films Aufnahmen, die auch in den zentralen Teilen einzelne Sterne erkennen lassen.
Der Sternhaufen M 13 ist von unserer Erde 22 500 Lichtjahre entfernt und hat einen Durchmesser von fast 100 Lichtjahren. Etwas näher steht uns der nur von etwas südlicheren geographischen Breiten aus beobachtbare Kugelhaufen ω Centauri, den wir hier in einer Aufnahme des Amateurastronomen Dr. Hans Vehrenberg sehen, die er von der Südhalbkugel unserer Erde aus gewonnen hatte. ω Centauri ist von uns etwa 16 300 Lichtjahre entfernt. Er zeigt keine exakte Kugelgestalt, sondern ist leicht abgeplattet.

Helle Nebel

Schon bei der Vorstellung der Plejaden haben wir einen hellen Nebel, in diesem Falle einen staubförmigen Nebel, kennengelernt. Zahlreicher sind jedoch diejenigen Nebel im Weltall, die aus gasförmiger Materie oder wenigstens aus mit Staub durchmischtem Gas bestehen. Bekanntestes Beispiel ist zweifelsohne der große

Bild 26 (links). Der kugelförmige Sternhaufen ω Centauri nach einer Aufnahme von Dr. Hans Vehrenberg.
Bild 27 (rechts). Der Orionnebel M 42 nach einer Aufnahme der „Arbeitsgemeinschaft Astrofotografie".

Orionnebel, der sich unterhalb der drei Gürtelsterne des Himmelsjägers Orion, im sog. Schwertgehänge, befindet. Er kann bereits mit einem Opernglas als schwacher Nebelfleck aufgefunden werden. Mit etwas größeren Instrumenten sehen wir, daß der Orionnebel eine recht komplizierte Struktur aufweist. In seinem Innern befinden sich vier etwas hellere Sterne, die trapezförmig angeordnet sind (Trapez im Orionnebel). In diesem Bereich finden wir auch die hellsten Teile des Nebels. Nach außen hin verliert sich das Objekt allmählich in die Umgebung. Gerade mit lichtstärkeren Instrumenten und unter Ausnutzung langer Belichtungszeiten läßt sich erst die ganze Ausdehnung dieses Objektes erfassen. Der Orionnebel ist von uns etwa 1600 Lichtjahre entfernt. Sein Durchmesser wird mit 50 bis 100 Lichtjahren angegeben.

Die Helligkeitsunterschiede innerhalb des Orionnebels sind gewaltig. Das führt dazu, daß man auf langbelichteten Aufnahmen die inneren, hellen Teile mit ihren feineren Strukturen kaum mehr erkennen kann, da diese vollständig überbelichtet sind. Wir sehen nur noch einen hellen Lichtklecks. So sind auch auf solchen Aufnahmen die Zentralsterne des Orionnebels überhaupt nicht mehr erkennbar. Die Tiefkühltechnik hat hier wiederum eine gewaltige Verbesserung erzielt: Die Aufnahme des Flagstaff-Observatoriums zeigt gleichzeitig sehr gut die inneren Sterne und ebenso die äußeren, lichtschwächeren Teile des Nebels bis in ihre feinsten Verästelungen.

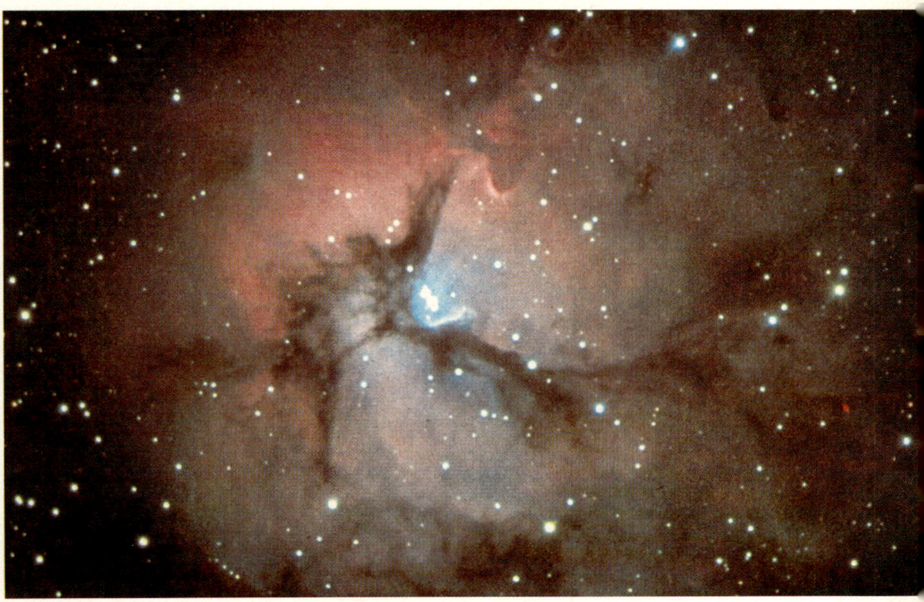

Bild 28 (links). Der Rosettennebel im Sternbild Einhorn nach einer Aufnahme des Mount Palomar-Observatoriums in Kalifornien.
Bild 29 (oben). Der Trifid-Nebel M 20 im Sternbild Schütze nach einer Aufnahme des US Naval Observatory, Flagstaff Station, Arizona.

Die Farbe des Orionnebels ist nicht wie bei den Plejaden-Nebeln abhängig von der Farbe der Zentralsterne. Die Gase werden hier zum Eigenleuchten angeregt, und die wieder ausgestrahlte Energie und damit Wellenlänge hängt von dem Abstand der einzelnen Nebelteile von den hellen Sternen ab.
Heute wissen wir, daß der Orionnebel ähnlich wie viele andere diffuse Nebel eine Geburtsstätte neuer Sterne ist. Hier entstehen Verdichtungen, die schließlich zu Sternen führen. Zuvor kommt es zur Bildung von Infrarotnebeln und Infrarotsternen, die allenfalls eine Temperatur von einigen hundert Grad Celsius aufweisen. Diese Objekte sind noch nicht direkt im Fernrohr sichtbar, sondern können nur mit Infrarotdetektoren aufgefunden werden. Erst später, wenn die Oberflächentemperatur der Sterne auf einige Tausend Grad Celsius angewachsen ist, zeigt sich der Stern auch in einem Fernrohr. Viele der im Orionnebel stehenden Sterne haben vermutlich nur ein Alter von 10 000 bis 100 000 oder allenfalls einigen Millionen Jahren.

Bild 30 (links). Der helle Nebel M 16 im Sternbild Schlange nach einer Aufnahme des Mount Palomar-Observatoriums in Kalifornien.
Bild 31 (rechts oben). Der helle Nebel M 8 im Sternbild Schütze nach einer Aufnahme des Mount Palomar-Observatoriums.
Bild 32 (rechts unten). Derselbe Nebel M 8 im Sternbild Schütze nach einer Aufnahme der „Arbeitsgemeinschaft Astrofotografie".

Brutstätten für neue Sterne

Der Rosettennebel im Sternbild Einhorn ist ein anderer berühmter diffuser Nebel. Er ist etwa 3600 Lichtjahre von uns entfernt und zeigt eine deutliche kranzförmige Struktur. Auch in diesem Nebel sind zahlreiche Sterne in Gestalt einer sogenannten Stern-Assoziation eingebettet. Es sind wiederum junge Sterne. Die helle, leuchtende Materie besteht im wesentlichen aus ionisiertem Wasserstoff, d. h. also aus Wasserstoffatomen, die ihre Elektronen verloren haben. Wasserstoffkerne und Elektronen bewegen sich frei. Die Temperatur eines ionisierten Wasserstoffgases beträgt rund 10 000 °C, während neutrales Wasserstoffgas unter den Bedingungen im Weltraum eine Temperatur von nur etwa – 180 °C aufzubieten hat. Die neutralen Wasserstoffwolken zeigen sich als dunkle Nebel, die teilweise auch in rüsselartiger Form in die hellen Gasbezirke des Rosettennebels eindringen. Durch den Druck der heißeren ionisierten Wasserstoffgase bedingt, können die neutralen Wasserstoffgebiete weiter zusammengepreßt werden. Einzelne Teile der „Elefantenrüssel" brechen auseinander und bilden kleine „Globulen", wie wir sie besonders in dem diffusen Nebel M 16 im Sternbild Schlange beobachten können. Die Globulen können als sehr frühe Stadien in der Entstehung von Sternen angesehen werden. Allerdings dürften die Globulen, die noch etwa 100 bis 1000 Sonnenmassen enthalten, später in einzelne Fragmente auseinanderbrechen, die jeweils einen Einzelstern bilden. M 16 ist etwa 4600 Lichtjahre entfernt. Im Sternbild Schütze liegt auch der helle Nebel M 8, der oft als Lagunen-Nebel bezeichnet wurde. Seine Entfernung von der Erde beläuft sich auf 2500 Lichtjahre.

Viele diffuse Nebel zeigen so kuriose Formen, daß sie danach auch ihre Namen erhielten. Der berühmteste ist wohl der Nordamerika-Nebel in der Nähe des Sterns Deneb im Sternbild Schwan. Dieser etwa 900 Lichtjahre entfernte Nebel spiegelt in

geradezu verblüffender Exaktheit die Umrisse des nordamerikanischen Kontinents, einschließlich der Halbinsel Florida wider.

Von südlicheren geographischen Breiten aus ist im Sternbild Schwertfisch (lat. dorado) der Tarantel-Nebel zu beobachten. Auch er erhielt diesen Namen nach seiner Struktur. Der Tarantel-Nebel liegt in der Großen Magellanschen Wolke.

Farbaufnahmen an Dunkelnebeln sind naturgemäß bisher etwas schwieriger zu erhalten gewesen. Als wohl einer der markantesten Dunkelnebel sei der Pferdekopfnebel vorgestellt, der sich etwas südlich des linken (östlichen) Gürtelsterns des Orion befindet. Betrachtet man diesen Nebel von Osten her, so zeigt er deutlich die Pferdekopfgestalt, die in ein helleres Nebelgebiet hereinragt.

Die chinesische Supernova vom Jahre 1054 und der Crab-Nebel

Am Morgen des 4. Juli 1054 beobachteten chinesische Astronomen „südöstlich des Sterns Thien-kuan" einen neuen Stern. In unserer heutigen Sternbilderkunde ist dies im östlichen Teil des Sternbilds Stier, unweit der unteren Hörnerspitze in der bildhaften Darstellung dieses Tierkreissternbildes. Das neue Objekt muß sogar noch heller gewesen sein als die Venus zur Zeit ihres größten Glanzes. Über 20 Tage hinweg konnten die Chinesen den „fremden Stern" sogar noch mit bloßem Auge am Taghimmel weiterverfolgen, und ein weiteres halbes Jahr noch konnte er bei allmählich abnehmender Helligkeit während der Nacht beobachtet werden. Erst im Januar des Jahres 1055 unterschritt er die Sichtbarkeitsgrenze für das freie Auge. Da die Chinesen damals noch über keine Fernrohre verfügten, war für sie diese Angelegenheit erledigt.

Erst im Jahre 1731 entdeckte der Astronom BEVIS einen schwachen Nebelfleck im Stier, der später von dem französischen Astronomen CHARLES MESSIER als Nr. 1 in seinen Katalog von Sternhaufen und Nebeln eingerückt wurde. M 1 erhielt im 19. Jahrhundert von dem englischen Privatastronomen WILLIAM PARSONS, dem Earl of Ross, den Namen „Crab-Nebel". Denn auf seinen Zeichnungen erschien dieser Nebelfleck in der Gestalt einer Krabbe.

Bild 33 (links oben). Der η Carinae-Nebel im Sternbild Schiffskiel (lat. carina) nach einer Aufnahme der „Arbeitsgemeinschaft Astrofotografie".
Bild 34 (rechts oben). Der Nordamerika-Nebel im Sternbild Schwan nach einer Aufnahme des Mount Palomar-Observatoriums.
Bild 35 (links unten). Der Tarantel-Nebel in der großen Magellanschen Wolke nach einer Aufnahme der „Arbeitsgemeinschaft Astrofotografie".
Bild 36 (rechts unten). Der Pferdekopfnebel, aufgenommen mit einem Celestron 8.

Bild 37 (links). So sah die Supernova am 4. Juli 1054 im Sternbild Stier aus. Am Horizont links befindet sich noch der Planet Merkur. Aufnahme des Planetariums der Westfälischen Volkssternwarte Recklinghausen.
Bild 38 (oben). Der Crab-Nebel im Sternbild Stier nach einer Aufnahme des 5 m-Spiegels des Mount Palomar-Observatoriums, Kalifornien.

Heute ist es in der Astronomie ausgemachte Sache, daß der Krabben-Nebel im Sternbild Stier der Überrest jenes „fremden Sterns" war, dessen Aufleuchten die Chinesen im Jahre 1054 beobachteten.
Im 20. Jahrhundert wurde der Crab-Nebel zu einem der begehrtesten astronomischen Forschungsobjekte. Man stellte fest, daß die Nebelfasern dieses Objektes sich gerade mit einer so großen Geschwindigkeit ausdehnen, daß diese Expansion vor rund 900 Jahren ihren Ausgang genommen hat. Die tatsächliche Expansionsgeschwindigkeit beträgt 1300 km/sec. Die Entfernung des Crab-Nebels dürfte etwa 6300 Lichtjahre betragen.

Supernovae und Pulsare

Was die chinesischen Astronomen vor neun Jahrhunderten beobachteten, war das Aufleuchten einer Supernova. Man stellt sich heute vor, daß ein Stern am Ende seines Entwicklungsweges, wenn alle atomaren Energiereserven erschöpft sind, durch

die Schwerkraft in sich zusammenfällt. Dabei werden nochmals kurzzeitig so gewaltige Energiemengen freigesetzt, daß die äußeren Sternschichten abgeschleudert werden, während der Hauptteil des Sterns weiter kollabiert.
Bei Sternen geringerer Masse, zu denen wir auch unsere Sonne zählen dürfen, erfolgt der Kollaps bis hin zu einem sogenannten weißen Zwergstern. Der Begleiter des Sterns Sirius ist ein berühmtes Beispiel dafür. Die weißen Zwergsterne, die ungefähr Erdgröße haben und trotzdem in sich etwa eine Sonnenmasse bergen, verfügen über eine Dichte von rund 1 Million g/cm^3. Bei etwas massereicheren Sternen führt dieser Kollaps im Zusammenhang mit dem Aufleuchten der Supernovae zu einem Sterngebilde, das nur noch 10 bis 20 km Durchmesser hat. Die Dichte steigt auf etwa 10 Billionen g/cm^3. Da diese Objekte nur noch im wesentlichen aus Neutronen bestehen, also aus den elektrisch neutralen Bestandteilen vieler Atomkerne, nennt man sie auch Neutronensterne.
Im Jahre 1968 wurde am National Radio Observatory bei Greenbank in West Virginia (USA) im Crab-Nebel ein Radioobjekt entdeckt, das in Abständen von 0,033 Sekunden Impulse aussendet.
Schon ein Jahr zuvor gelang es den beiden Engländern JOCELYN BELL und ANTONY HEWISH, den ersten derartigen Pulsar im Sternbild Delphin aufzufinden. Heute ist die Zahl der entdeckten Pulsare, die mit einer Periode zwischen 0,033 Sekunden und etwa 3 Sekunden Radioimpulse aussenden, auf weit über 100 angewachsen.
Man muß sich vorstellen, daß bei dem Kollaps des alternden Sterns wegen der Erhaltung des Drehimpulses die Rotationsgeschwindigkeit immer weiter zunimmt. Schließlich dreht sich der kollabierte Stern nur noch im Bruchteil einer Sekunde einmal um seine eigene Achse. Der Crab-Pulsar dreht sich beispielsweise in nur 0,033 Sekunden einmal. Obwohl an seinem Äquator natürlich eine gewaltige Fliehkraft auftritt, verhindert die enorme Schwerkraft des überdichten Sterns ein Auseinanderbersten des Objekts.
Der Crab-Pulsar sendet aber nicht nur im Rhythmus von 33 Millisekunden Radioimpulse, sondern auch Licht- und Röntgenstrahlungsimpulse aus. Dabei wurde die Röntgenstrahlung mit Hilfe von Satelliten außerhalb der Erdatmosphäre gemessen.
Auch der Crab-Nebel selbst sendet eine Radiostrahlung aus, die bereits seit ungefähr 25 Jahren bekannt ist. Sie entsteht durch die Beschleunigung von Elektronen im Magnetfeld dieses Nebels bis nahe Lichtgeschwindigkeit. Die dabei erzeugten Radiowellen werden auch als Synchrotronstrahlung bezeichnet, da man sie auch in den bekannten atomphysikalischen Beschleunigeranlagen gleichen Namens künstlich auf ähnlichem Wege erzeugen kann.

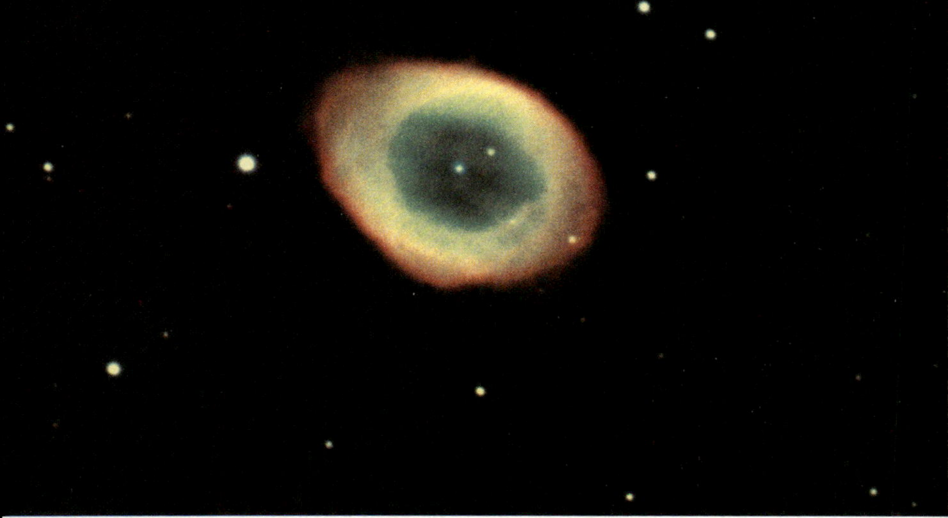

Bild 39. Der Ringnebel im Sternbild Leier nach einer Aufnahme des 5 m-Spiegels des Mount Palomar-Observatoriums, Kalifornien.

Ringnebel und planetarische Nebel

Unter den planetarischen Nebeln versteht der Astronom keine Nebel, die etwas mit Planeten zu tun haben. Die Nebel dieses Namens sehen vielmehr im Fernrohr wie kleine Scheibchen aus, also genau so, wie wir auch die Planeten von der Erde aus mit einem Fernrohr beobachten können, während die Fixsterne ja sonst nur als Punkte erscheinen. Die planetarischen Nebel sind dagegen Gasschalen, die von Sternen nach Explosionen ihrer äußeren Hülle abgestoßen wurden, ganz ähnlich, wie wir es beim Crab-Nebel im vorigen Abschnitt gesehen haben. Im Gegensatz zum Crab-Nebel sind aber die planetarischen Nebel in ihrem Aussehen weniger turbulent, sondern zeigen mehr gleichmäßige, kreis- oder ringförmige Züge.
Auch die Expansionsgeschwindigkeiten betragen meist nur wenige Dutzend Kilometer pro Sekunde. Das bekannteste Beispiel ist der Ringnebel im Sternbild Leier. Der etwa 5400 Lichtjahre entfernte planetarische Nebel zeigt in seinem Zentrum einen Stern mit der extrem hohen Oberflächentemperatur von 75 000 °C. Dabei handelt es sich vermutlich um das Vorstadium eines weißen Zwergsterns. Jedenfalls

Bild 40. Der planetarische Nebel NGC 7293 im Sternbild Wassermann nach einer Aufnahme des 5 m-Spiegels auf dem Mount Palomar, Kalifornien.

sind die Zentralsterne der planetarischen Nebel Objekte, die mit den Endphasen der Sternentwicklung zu tun haben dürften. Die Expansionsgeschwindigkeit der Gasschale selbst beträgt 38 km/sec.

Natürlich wird die expandierende Gasschale vom Zentralstern zum Leuchten angeregt. Wegen seiner hohen Oberflächentemperatur sendet dieser vor allem Ultraviolettstrahlung aus, die die Gase zum Eigenleuchten anregt. Die Farbaufnahme des Ringnebels in der Leier zeigt nun besonders schön, wie die Farben vom inneren zum äußeren Teil genau der Farbskala des Regenbogens entsprechen: Violett, Indigo, Blau, Grün, Gelb, Orange, Rot. An der Spitze dieser Farbskala steht kurzwelliges, energiereiches Licht, an ihrem Ende langwelliges, energiearmes Licht. Dies ist unter den geschilderten Anregungsbedingungen sehr leicht zu verstehen: Die Teile der Gasschale, die dem Zentralstern am nächsten stehen, erhalten die höchste Energiemenge und können daher auch energiereicheres Licht aussenden. Die entfernteren Teile des Ringnebels empfangen nur noch wenig Energie vom Zentralstern und können daher auch nur energieärmeres Licht aussenden.

Bild 41. Der Dumbbell-Nebel M 27 im Sternbild Füchschen nach einer Aufnahme des 5 m-Spiegels auf dem Mount Palomar, Kalifornien.

Folgerichtig müssen die dem Stern am nächsten liegenden Teile auch zur Aussendung von unsichtbarer Ultraviolettstrahlung angeregt werden, während die außerhalb des roten Teils des Ringnebels befindlichen Gebiete der Gasschale unter Umständen Infrarotstrahlung abgeben.
Von den heute etwa 1000 bekannten planetarischen Nebeln ist das Objekt NGC 7293 im Sternbild Wassermann uns am nächsten. Seine Entfernung von uns beträgt nur etwa 650 Lichtjahre. Auch hier sehen wir auf der Farbaufnahme eine leuchtende, ringförmige Schale, die aber im wesentlichen nur rötlich erscheint.
2900 Lichtjahre entfernt ist dagegen der berühmte „Hantel-Nebel" oder „Dumbbell-Nebel" in dem kleinen Sternbild Füchschen, das sich zwischen den Sommersternbildern Schwan und Adler befindet. Er trägt auch die Katalogbezeichnung M 27. Hier hat der Zentralstern sogar eine Oberflächentemperatur von 85 000 °C. Der Nebel selbst verfügt über einen Durchmesser von 2,4 Lichtjahren. Daran mag man ermessen, wie tief in den Raum hinaus der Zentralstern die Gasschale noch zum Eigenleuchten anregen kann.

Der Cirrus-Nebel im Schwan

Im Sternbild Schwan befinden sich zwei sich gegenüberstehende Nebel, deren einzelne Gasfasern eine eigentümliche Struktur besitzen. Sie wurden bereits von Wilhelm Herschel 1784 entdeckt. Da sie eine gewisse Ähnlichkeit mit der Gestalt der Federwölkchen in unserer irdischen Lufthülle haben, wurden sie als „Cirrus-Nebel" bezeichnet. Erst spätere fotografische Aufnahmen, vor allem von Max Wolf in Heidelberg und E. E. Barnard auf der Yerkes-Sternwarte bei Chicago Ende des vorigen Jahrhunderts, stellten die beiden Nebelschleier als die übriggebliebenen Teile eines riesigen ringförmigen Gasgebildes dar. Vor etwa 50 Jahren fand Hubble bei einem Vergleich von Fotografien, die etwa 15 Jahre auseinanderlagen, daß sich die Nebelfetzen um rund eine Bogensekunde auseinanderbewegt haben mußten. Schließlich konnten auch im Spektrum des Nebels Doppler-Verschiebungen aufgefunden werden, die auf eine Expansionsgeschwindigkeit von 45 km/sec hinweisen. Aus diesen beiden Angaben zusammen läßt sich nun auch die Entfernung des Cirrus-Nebels zu etwa 1000 Lichtjahren berechnen. Nimmt man weiter an, die Expansion sei in der Vergangenheit mit etwa derselben Geschwindigkeit erfolgt wie heute, dann müßte der Cirrus-Nebel etwa 160 000 Jahre alt sein. Vermutlich handelt es sich auch hier wiederum um den Überrest einer Supernova-Explosion. Da man aber in der ersten Zeit nach einem derartigen Ausbruch eine größere Expansionsgeschwindigkeit annehmen muß, darf die eben erwähnte Altersangabe nur als ein oberer Grenzwert aufgefaßt werden. Wahrscheinlich hat sich die Supernova, die zur Entstehung des Cirrus-Nebels Anlaß gab, bereits vor etwa 30 000 Jahren ereignet. Jedenfalls gehört der Cirrus-Nebel zu den schönsten Objekten, die wir heute am Himmel beobachten können und die sich auch in Farbaufnahmen wunderbar darstellen lassen.

Die Milchstraße in Farbe

Aufnahmen der Milchstraße lassen sich zum Teil schon mit einfachen Kameras durchführen, die es erlauben, ein größeres Feld gleichzeitig auf einem Bild wiederzugeben als dies mit einem langbrennweitigen Fernrohr der Fall ist. Dadurch erhält man eindrucksvolle Aufnahmen ganzer Sternwolken innerhalb der Milchstraße und der darin befindlichen dunklen oder hellen galaktischen Nebel.
An dieser Stelle soll nochmals auf ein technisches Problem hingewiesen werden:

Bild 42 (rechts). Ein Teil des Cirrus-Nebels nach einer Aufnahme des Mt. Palomar-Observatoriums.

Mit einer normalen Kleinbildkamera mit einem Objektiv von vielleicht 50 mm Brennweite können wir nur bis zu einer Belichtungszeit von etwa 20 – 30 Sekunden von feststehendem Stativ aus punktförmige Sternbilder auf der Aufnahme erwarten. Bei längerer Belichtungszeit verzeichnen sich die Sternpunkte zu mehr oder weniger langen Strichen, da sich ja die Erde um ihre eigene Achse dreht und die Sterne von Ost nach West über das Himmelsgewölbe laufen. Die Verzeichnung macht sich vielleicht auf einem Kleinbildnegativ 24×36 mm selbst bei Belichtungszeiten von ein oder zwei Minuten direkt noch kaum bemerkbar. Bei entsprechender Vergrößerung oder Projektion des Negativs mit einem Projektor an eine Leinwand erscheinen die Sterne aber durchaus als kleine Striche.

Wollen wir auf einer länger belichteten Aufnahme die Sterne weiterhin als Punkte sehen, so muß die Kamera dem Lauf der Sterne nachgeführt werden. Das geschieht am besten so: Wir befestigen die Kamera auf einem parallaktisch montierten Fernrohr. Ein derartiges Fernrohr verfügt über eine Achse, die auf den nördlichen Himmelspol ausgerichtet ist und damit parallel zur Erdachse verläuft (Pol- oder Stundenachse) und eine zweite Achse, die senkrecht dazu steht (Deklinationsachse). Ist das Fernrohr genügend fest montiert und leicht um die Stundenachse drehbar, z. B. mit einer mechanischen Feinbewegung, so können wir während der Aufnahme von vielleicht 10, 20 oder 30 Minuten Belichtungszeit das Fernrohr dem Laufe der Sterne nachführen. Am besten nehmen wir einen hellen Stern in die Gesichtsfeldmitte des Okulars unseres Fernrohrs, vielleicht sogar in die Mitte eines Fadenkreuzes und korrigieren laufend nach. Kleine Nachführungsfehler, die bei unserem längerbrennweitigen Fernrohr immer noch unvermeidlich sind, wirken sich dann auf die Aufnahme der kurzbrennweitigen Kamera kaum mehr aus.

Noch eleganter ist natürlich eine automatische Nachführung des Fernrohrs mittels eines mechanischen Triebwerks, z. B. eines Uhrwerkantriebs, oder eines elektrischen Antriebs mittels eines Synchronmotors. Um die Drehgeschwindigkeit des Fernrohrs genau dem Lauf der Sterne anpassen zu können, schalten versierte Amateurastronomen den Synchronmotoren, deren Drehzahl ja zunächst unveränderlich ist, einen Frequenzwandler vor. Durch Erhöhung oder Erniedrigung der Frequenz des Wechselstroms läßt sich dann auch die Geschwindigkeit eines Synchronmotors etwas verlangsamen oder erhöhen. Allerdings ist auch bei einer automatischen Nachführung noch eine laufende Kontrolle mittels unseres längerbrennweitigen „Leitfernrohrs“ erforderlich. Eine vollständig automatische Nachführung gibt es auch bei größeren Fernrohren vorläufig fast überall noch nicht.

Bild 43 (links oben). Die Milchstraßenwolke im Sternbild Schütze nach einer Aufnahme des US Naval Observatory, Flagstaff Station, Arizona. Die helle Spur quer über die Aufnahme stammt von dem amerikanischen Ballonsatelliten Echo 1. Der helle Stern rechts ist Antares im Skorpion.

Bild 44 (links unten). Ein Teil der Milchstraße im Schützen. Aufnahme von Dr. Hans Vehrenberg.

Die Nachbarn unseres Milchstraßensystems

Im letzten Teil unseres Buches wollen wir noch über die Grenzen unseres Milchstraßensystems hinaus zu anderen Galaxien vordringen. Wegen der Lichtschwäche der meisten Galaxien sind Farbaufnahmen außerordentlich schwierig, sofern sie nicht in der unmittelbaren Nachbarschaft unseres eigenen galaktischen Systems liegen. Trotzdem haben es in den letzten Jahren einige Berufs- und Amateurastronomen versucht, auch Farbaufnahmen dieser fernen Weltraumobjekte zu erhalten.

Am Südhimmel stehen die Große und Kleine Magellansche Wolke. Sie sind noch Begleiter unseres eigenen Milchstraßensystems und von uns 160 000 Lichtjahre entfernt. Da sie von unseren geographischen Breiten, ja sogar selbst vom Mittelmeerraum und vom vorderen Orient aus nicht gesehen werden können, waren sie dem klassischen Altertum nicht bekannt. Erst der bekannte Seefahrer MAGELLAN hatte sie im Jahre 1519 entdeckt. Nach ihm wurden diese beiden Wolken auch benannt. Selbst in kleineren Fernrohren kann man in beiden Magellanschen Wolken noch sehr gut einzelne Sterne erkennen. Inmitten der großen Magellanschen Wolke befindet sich auch der berühmte Tarantel-Nebel (NGC 2070). Im übrigen enthalten die Magellanschen Wolken fast alle diejenigen Objekte, die wir auch von unserem eigenen Milchstraßensystem her kennen, z. B. kugelförmige Sternhaufen, planetarische Nebel, Gasnebel usw. Die große Magellansche Wolke liegt in dem kleinen südlichen Sternbild Schwertfisch (lat. dorado). Die kleine Wolke befindet sich im Sternbild Tukan (lat. tucana).

Seit mehreren Jahrzehnten teilt man die außergalaktischen Sternsysteme in verschiedene Gruppen ein. Am bekanntesten ist die Einteilung, die der amerikanische Astronom EDWIN P. HUBBLE eingeführt hat. Danach gibt es zunächst die spiralförmigen Systeme, die man weiter in normale Spiralen und Balkenspiralen einteilt. Außerdem erhalten die Spiralnebel je nachdem, ob der Kern stärker oder weniger stark hervortritt, den anhängenden kleinen lateinischen Buchstaben a, b oder c. Die normalen Spiralen laufen also von Sa, Sb nach Sc, die balkenförmigen Spiralen von SBa, SBb nach SBc.

Weiterhin gibt es die elliptischen Nebel, die mit E bezeichnet werden. Eine anhängende Ziffer weist auf den Grad ihrer Abplattung hin. Eine 0 bedeutet, daß keine Abplattung vorliegt, d. h. der elliptische Nebel verdient eigentlich seinen Namen nicht zu Recht, da er kugelförmig ist (aber nicht zu verwechseln mit den kugelförmigen Sternhaufen!). Die Ziffernfolge läuft dann weiter bis E 7, was auf die stärkstmög-

Bild 45 (rechts). Die Große Magellansche Wolke nach dem Dreifarben-Kompositverfahren mit einer 14-zölligen Schmidt-Kamera von Dr. Hans Vehrenberg aufgenommen.

liche Abplattung von 3 : 1 hinweist. Weiterhin gibt es unregelmäßig geformte, irreguläre Galaxien, die die Bezeichnung Irr erhalten. In der Regel sind die Spiralnebel die größeren Galaxien, während die elliptischen Nebel und die irregulären Nebel zu den kleineren Galaxien zählen. So hat unser eigenes Milchstraßensystem einen Durchmesser von 100 000 Lichtjahren. Daneben gibt es in der Nachbarschaft unserer galaktischen Heimat einige Zwerggalaxien elliptischer Form, die sogar nur 1000 Lichtjahre groß sind!

Die beiden Magellanschen Wolken hat man früher meist als irregulär eingestuft. Neuere Aufnahmen zeigen aber zumindest bei der großen Magellanschen Wolke eine leichte Balkenspiralen-Struktur vom Typ SBc angedeutet.

Der bekannteste Spiralnebel in unserer Nachbarschaft ist der große Andromeda-Nebel in 2,3 Millionen Lichtjahren Abstand. Der Andromeda-Nebel ist als eine normale Spirale vom Typ Sb unserem Milchstraßensystem auch der Form nach am nächsten, hat aber einen etwas größeren Durchmesser.

Bild 46 (links). Der Andromeda-Nebel M 31 nach einer Aufnahme des 48zölligen Schmidt-Spiegels auf dem Mount Palomar, Kalifornien.

Bild 47 (unten). Die Galaxie NGC 7217 im Sternbild Pegasus nach einer Aufnahme des US Naval Observatory, Flagstaff Station, Arizona.

Bild 48 (links). Die Galaxie NGC 5907 im Sternbild Drache nach einer Aufnahme des US Naval Observatory, Flagstaff Station, Arizona.
Bild 49 (oben). Die elliptische Galaxie NGC 205 im Sternbild Andromeda ist ein Begleiter des berühmten Andromeda-Nebels. Die Aufnahme wurde von dem US Naval Observatory, Flagstaff Station, Arizona, erhalten.

Hier wie auch bei manchen anderen Spiralnebeln können wir einen sehr wesentlichen Farbeffekt erkennen: Die Kerne dieser Galaxien zeigen meist eine gelbliche bis rötliche Farbe, während die Spiralarme eher bläulich erscheinen. Auf Aufnahmen, die mit normalen Methoden, d. h. vor allem bei normalen Temperaturen erhalten wurden, kommt dies meist nicht so eindeutig zur Geltung wie auf Aufnahmen, die mit der Tiefkühltechnik erhalten wurden.
Hier ist ein sehr wesentlicher kosmogonischer Befund festgehalten. Wir wissen nämlich heute, daß sich in den Galaxien die Entstehung neuer Sterne im wesentlichen nur in den Spiralarmen vollziehen kann. Dort befindet sich nämlich noch frische,

Bild 50. Die Galaxie NGC 4565 im Sternbild Haar der Berenike nach einer Aufnahme des US Naval Observatory, Flagstaff Station, Arizona.

unverbrauchte interstellare Materie aus Gas und Staub. Es kann also auch noch eine Kondensation von Sternen aus den interstellaren Wolken erfolgen. Dagegen sind die Kerne der Spiralnebel verhältnismäßig frei von interstellarer Materie. Deshalb entstehen dort keine Sterne mehr.

Die hellsten Sterne, die es nun im Weltall gibt und die wesentlich zur Farbe eines noch nicht ganz in Einzelobjekte aufgelösten Spiralnebels beitragen, sind nun entweder blaue Überriesen oder rote Riesensterne. Die blauen Überriesen sind massereiche Sterne, die sehr verschwenderisch mit ihrem Energievorrat umgehen und daher nur eine kurze Lebensdauer aufweisen. Viele blaue Überriesen erzielen nur ein

Bild 51. Die Galaxie M 64 im Sternbild Haar der Berenike nach einer Aufnahme des US Naval Observatory, Flagstaff Station, Arizona.

Alter von wenigen Millionen Jahren. Sie sind also nur dort anzutreffen, wo auch in der Gegenwart noch junge Sterne entstehen können, also in den Spiralarmen.
Die roten Riesen sind dagegen spätere Entwicklungsstadien der Sterne, und sie müssen vor allem dort anzutreffen sein, wo keine Sternentstehung mehr stattfinden kann, also beispielsweise in den Kernen der Galaxien.
Sehr schön können wir aber auch auf den Farbaufnahmen die Gebiete verfolgen, in denen sich dunkle absorbierende staubförmige Wolken befinden, die uns den Blick in die dahinter gelegenen Teile des Weltalls oder des betreffenden Milchstraßensystems versperren.

Überdichte Kerne der Galaxien

Ähnlich wie es uns bei Verwendung der Tiefkühltechnik möglich war, im Orionnebel noch bis in die Kerngebiete hinein einzelne Sterne zu erkennen, so ist es auch bei den Galaxien möglich gewesen, die hellen Kerne in weitere einzelne Objekte aufzulösen. Besonders gut ist z. B. im Andromeda-Nebel (M 31) ein weiterer, sehr eng begrenzter „Kern im Kern“ festzustellen. Er erscheint auf der fotografischen Aufnahme fast nur noch als ein punktförmiges Gebilde, enthält aber in Wirklichkeit wahrscheinlich 10 Millionen bis 100 Millionen Sterne. Man könnte diesen „Kern im Kern“ fast mit einem überdimensionalen kugelförmigen Sternhaufen vergleichen. Die gegenseitigen Entfernungen der Sterne im Zentrum dieses Gebildes sind wesentlich geringer als in der Nachbarschaft unserer Sonne, wahrscheinlich sogar noch geringer als im Zentrum eines Kugelhaufens.
Auch viele andere Spiralnebel zeigen diese Eigentümlichkeit. Besonders schön ist der „Kern im Kern“ im Spiralnebel M 51, der sich im Sternbild Jagdhunde befindet, auf einer Aufnahme zu beobachten. Übrigens verfügt auch unser eigenes Milchstraßensystem über einen solchen dichten Kern, der wegen der absorbierenden interstellaren Materie von unserem Standort aus allerdings optisch nicht eingesehen werden kann. In den letzten Jahren konnte dieses Gebiet dagegen auf Infrarotaufnahmen und mit radioastronomischen Methoden studiert werden. Eine Domäne der Farbfotografie ist der Kern unseres galaktischen Systems jedoch nicht.

Explodierende Milchstraßensysteme

Offenbar sind gerade die dichten Kerne der Galaxien daran schuld, daß es dort gelegentlich zu Explosionen kommen kann. Die überdichten Kerne unseres eigenen Milchstraßensystems oder auch des Andromeda-Nebels sind dabei noch als nahezu harmlos zu bezeichnen. In anderen Galaxien muß es aber dort zu so extremen Zuständen kommen, daß riesige Mengen von Wasserstoffgas nach außen geworfen werden. Ein berühmtes Beispiel einer solchen explodierenden Galaxis ist das Objekt M 82 im Sternbild des Großen Bären. Auch hier war es wieder mittels der Tiefkühltechnik am Flagstaff-Observatorium in den USA möglich, eine phantastische Aufnahme zu bieten. Deutlich sehen wir die bläulichen äußeren Teile dieses Systems und die mehr rötlichen Kerngebiete. Von diesem Kern weg nach außen sind aber

Bild 52 (rechts). Der Kern des Andromeda-Nebels mit dem „Kern im Kern“ nach einer Aufnahme des US Naval Observatory, Flagstaff Station, Arizona.

Bild 53 (links). Der Spiralnebel M 51 im Sternbild Jagdhunde nach einer Aufnahme des US Naval Observatory, Flagstaff Station, Arizona.
Bild 54 (oben). Die Galaxie M 82 im Sternbild des Großen Bären nach einer Aufnahme des US Naval Observatory, Flagstaff Station, Arizona.

strähnige Fasern zu verfolgen, die auf die nach außen drängenden Wasserstoffmassen hinweisen.

M 82 ist seiner Struktur nach sehr schwer einzuordnen. Meist wird dieser Nebel als irregulär bezeichnet. Wahrscheinlich ist es aber eine etwas ungewöhnliche Form einer Spirale.

M 82 ist von uns etwa 10 Millionen Lichtjahre entfernt. Die Filamente, die vom Kern nach außen weisen, sind etwa 10 000 Lichtjahre lang. Durch Beobachtung des Dopplereffekts an diesen Strukturen kann man feststellen, daß die Expansionsgeschwindigkeit dieser Fasern etwa 1000 km/sec beträgt. Rechnet man zurück, so müßte die Explosion vor etwa 11,5 Millionen Jahren ihren Ausgang genommen haben. Rund 100 Millionen Sonnenmassen scheinen an diesem Vorgang beteiligt zu sein.

Es ist nun sehr bezeichnend und vielleicht auch nicht verwunderlich, daß M 82 ein verhältnismäßig starker Radiostrahler ist. Jedenfalls ist M 82 trotz seiner wesentlich größeren Entfernung ein bedeutend stärkerer Radiostrahler als beispielsweise der Andromeda-Nebel. Da es noch andere ähnliche Objekte im Raum gibt, bezeichnet man diese als „Radiogalaxien“. Die Entstehung dieser Radiostrahlung wird ähnlich zu erklären sein wie die Radiostrahlung des Crab-Nebels, dem schon besprochenen und vorgeführten Überrest der Supernova vom Jahre 1054. Elektronen werden auch hier in Magnetfeldern auf hohe Geschwindigkeiten beschleu-

Bild 55. Die Galaxie NGC 5128, die mit der Radioquelle Centaurus A identisch ist, nach einer Aufnahme der „Arbeitsgemeinschaft Astrofotografie“.

nigt und erzeugen eine Synchrotronstrahlung. Wie es aber letztlich zur Explosion des Kerns dieses Milchstraßensystems oder ähnlicher Objekte kam, ist im Augenblick noch reine Spekulation.
Möglicherweise sind auch die in den letzten Jahren häufig erwähnten Quasare derartige explodierende Kerne sehr weit entfernter Galaxien. Bei ihnen ist die Radiointensität sogar noch stärker als bei den Radiogalaxien.
Doch hier verlassen wir endgültig die Domäne der Farbfotografie. Man darf froh sein, wenn man diese oft Milliarden Lichtjahre entfernten Objekte überhaupt noch auf einer Schwarzweißaufnahme als ein schwaches punktförmiges Gebilde wiedergeben kann.

Sachregister

Bücher für den Sternfreund

Himmelskunde für Jedermann

Prof. Dr. Arthur Krause/Dr. Christian Fischer, 8. Auflage

Ein populär-wissenschaftliches Standardwerk von Prof. Dr. Arthur Krause und Dr. Christian Fischer, das über alle astronomischen Probleme Auskunft gibt. Dabei werden die seit alters bekannten – aber eben doch längst nicht alle bekannten – Grundtatsachen der Astronomie genauso ausführlich behandelt, wie die Ergebnisse der Astrophysik. In die 7. Auflage sind auch Abschnitte über Raketenastronomie, Landung von Menschen auf dem Mond, quasistellare Radioquellen und Galaxien aufgenommen. Aus dem Inhalt: Geschichte der Astronomie – Astronomische Maße und Messungen – Das Kopernikanische Sonnensystem – Der Kalender – Spektralanalyse und Atomtheorie – Das Sonnensystem – Die Fixsterne – Das Weltall – Mondkarten.
303 Seiten mit 212 Abbildungen und 2 Farbtafeln.

Der Amateurastronom

Beobachtungsmittel und -möglichkeiten für den Sternfreund
Von Joachim Herrmann

„Der Amateurastronom" ist das Buch für diejenigen, die mit bloßem Auge, einem Feldstecher oder kleinem Fernrohr die Erscheinungen am Himmel beobachten wollen. Der Sternfreund erfährt, worauf er sein Augenmerk richten muß und was er mit bestimmten Mitteln beobachten kann. Abgerundet wird die Darstellung durch ein Kapitel über Astrofotografie, Literaturhinweise und ein ausführliches Register.
188 Seiten, 49 Zeichnungen, 13 Schwarzweißfotos.

Astronomie des Alltags

Eine nicht alltägliche Einführung in die Sternkunde
Von Max Gerstenberger

Fragen und Antworten aus der Praxis an einer Volkssternwarte. Notiert und zu einer zwanglosen Einführung in die Sternkunde zusammengestellt. Astronomie des Alltags, das ist Sternkunde, wie sie Tag für Tag von Astronomen an Volkssternwarten gefordert und gegeben wird. Dabei geht es nicht um hochgestochene Probleme. Gefragt sind hier Erläuterungen von alltäglichen und auffallenden Vorgängen am Sternhimmel, die auch der Laie verstehen will. Dieses Buch beweist, daß sich Astronomisches viel öfter, als man es erwarten möchte, verblüffend einfach erklären und überzeugend darstellen läßt.
304 Seiten, 185 Zeichnungen, 34 Fotos.